移动互联网开发技术丛书

微信小程序
开发快速入门 微课视频版

王瑞胡 代琴 主编

清华大学出版社
北京

内 容 简 介

本书是一本学习微信小程序开发的入门书,全书共分为7章,总体内容安排上分为前端设计与后端开发两部分,前端包括渲染视图中用到的 WXML 与 WXSS 文件代码的编写,常用组件的使用方法,以及如何利用 JS 文件实现视图层与逻辑层的数据交互等;后端主要介绍小程序云开发方案,包括云数据库的使用,环境的搭建,云函数的定义与调用等。第1章简单介绍小程序,包括小程序的框架、开发流程以及设计规范等;第2章以目前微信官方发布的最新版微信开发者工具为基础,介绍小程序账号注册、新建小程序项目、AppID 的创建等内容,让读者易于上手,并获得直观的开发体验;第3章介绍了小程序前端开发用到的 WXML 标签语言,以及 WXSS 样式,还有视图层与逻辑层的信息传递机制,如何绑定视图层的触发事件;第4章介绍小程序开发中常用到的一些组件;第5章则以一个案例介绍了开发中的一些常见问题的实现及处理技术;第6章介绍了小程序云开发解决方案;第7章给出一个综合应用案例开发。

本书可供高校计算机相关专业开设微信小程序开发课程的本科生、高职专科学生使用,也可供非计算机类专业通识课程引入互联网+智能应用服务开发相关内容的本科生或高职专科生使用,还可供对小程序开发有兴趣的广大编程爱好者使用。

本书封面贴有清华大学出版社防伪标签,无标签者不得销售。
版权所有,侵权必究。举报: 010-62782989,beiqinquan@tup.tsinghua.edu.cn。

图书在版编目(CIP)数据

微信小程序开发快速入门:微课视频版/王瑞胡,代琴主编. —北京:清华大学出版社,2021.1(2024.1重印)
(移动互联网开发技术丛书)
ISBN 978-7-302-56002-9

Ⅰ. ①微… Ⅱ. ①王… ②代… Ⅲ. ①移动终端-应用程序-程序设计-高等学校-教材 Ⅳ. ①TN929.53

中国版本图书馆 CIP 数据核字(2020)第 121767 号

责任编辑:黄 芝 薛 阳
封面设计:刘 键
责任校对:时翠兰
责任印制:丛怀宇

出版发行:清华大学出版社
    网　　址: https://www.tup.com.cn,https://www.wqxuetang.com
    地　　址: 北京清华大学学研大厦 A 座　邮　编: 100084
    社 总 机: 010-83470000　邮　购: 010-62786544
    投稿与读者服务: 010-62776969,c-service@tup.tsinghua.edu.cn
    质量反馈: 010-62772015,zhiliang@tup.tsinghua.edu.cn
    课件下载: https://www.tup.com.cn,010-83470236
印 装 者:三河市龙大印装有限公司
经　　销:全国新华书店
开　　本:185mm×260mm　印　张:14　字　数:341 千字
版　　次:2021 年 1 月第 1 版　印　次:2024 年 1 月第 5 次印刷
印　　数:5701~6700
定　　价:59.00 元

产品编号:086126-01

前 言

在 AI 时代，越来越多的人开始涉足人工智能及智能应用服务开发领域，在高校人才培养方案的课程设置中，应体现 AI 元素并普及智能应用服务开发等相关知识，可在通识课程模块给全体大学生(含本科生与高职高专生)开设 AI 相关课程，真正实现 AI for All、CS for All。

微信小程序是一种全新的连接用户与服务的方式，它可以在微信内被便捷地获取和传播，同时具有出色的使用体验，具有应用轻量、门槛低、用完即走等特点。不管是资深软件开发人员，还是初次进入开发领域的小白，只要其具有创新的思想，可以预见的创新功能应用，就将在互联网市场上有所作为。

对于计算机相关专业或其他专业学生而言，可通过小程序带动他们初步认识 AI 及智能应用。在日常生活中，围绕周围的一些应用，一旦学习者有了一个很好的创新思想之后，结合互联网，结合小程序开发，就可以开发出一个具有生命力的产品，激发学生学习 AI 的热情，激发他们的创新思维，这是一件非常有意义的事情。

本书的出版，为小程序开发者提供了入门通道，让初次接触小程序开发的非专业人士易于上手，能以较短的时间开发一个原型出来，从而激发开发者的兴趣，增强深入学习的动力，让兴趣与任务驱动他们学习更多其他知识，开发其他更多更丰富的功能。本书主要针对零基础读者或对软件开发涉及不多，希望能快速入门微信小程序开发的读者，结合微信小程序开发者工具可见即可得的特性，在整个内容架构及章节编排上，充分结合小程序开发初学者的学习基础与学习特点，循序渐进，逐步将基本的小程序开发中一些必要的知识铺陈开来。

本书由王瑞胡和代琴任主编。其中，第 1~6 章由王瑞胡编写，第 7 章由代琴编写，代码实现部分还得到了谢东同学的帮助，最终由王瑞胡完成统稿。

本书的出版得到重庆文理学院校本特色教材出版基金的资助，以及重庆市 2019 年度教育综合改革研究课题(课题批准号：19JGY46)，重庆市 2020 年高等教育教学改革研究重点项目(项目编号：202075)等的资助。在本书的编写过程中，还参阅了一些小程序开发教材，以及网上的一些资料，在此向这些文献资料的作者表示感谢。最后，特别感谢清华大学出版社的大力支持，使得本书得以顺利出版。

限于编者水平，书中难免有不当和疏漏之处，敬请读者赐教指正。

本书配套微课视频，读者可用手机扫一扫封底刮刮卡内二维码，获得权限，再扫一扫书中二维码，即可观看视频。

编 者
2020 年 4 月

目 录

第 1 章 小程序简介 ································· 1
    1.1 什么是小程序 ································ 1
    1.2 小程序能做什么 ······························· 1
    1.3 小程序的宣传方式 ····························· 2
    1.4 小程序的特点 ································ 2
    1.5 小程序的产品优势 ····························· 2
    1.6 小程序开发的准备工作 ························· 3
        1.6.1 小程序框架 ··························· 3
        1.6.2 小程序开发流程 ······················· 3
    1.7 小程序的设计规范 ····························· 4
    1.8 小程序的运营规范 ····························· 5
    1.9 几个重要的参考文档 ··························· 5
    思考题 ··· 6

第 2 章 小程序开发工具简介 ······················· 7
    2.1 小程序官方文档 ······························· 7
    2.2 小程序开发流程 ······························· 7
    2.3 小程序账号注册 ······························· 8
        2.3.1 微信公众号注册小程序 ················· 8
        2.3.2 微信小程序官网注册小程序账号 ········· 9
    2.4 新建小程序项目 ······························ 10
    2.5 调试区 6 种模式 ····························· 14
    2.6 AppID 的创建 ······························· 14
    2.7 小程序开发之初体验 ·························· 16
    思考题 ·· 18

第 3 章 小程序框架结构介绍 ······················ 19
    3.1 MINA 框架 ·································· 19
    3.2 WXML 标签语言 ····························· 21
        3.2.1 WXML 简介 ·························· 21

		3.2.2 基础知识 ……………………………………………………… 23
		3.2.3 WXML 主要功能 …………………………………………… 25
	3.3	WXSS ……………………………………………………………………… 28
	3.4	视图层和逻辑层的信息传递交互实现 ………………………………… 30
	3.5	配置文件解析 ……………………………………………………………… 32
		3.5.1 app.json …………………………………………………………… 33
		3.5.2 project.config.json ………………………………………………… 33
		3.5.3 app.wxss ………………………………………………………… 33
		3.5.4 app.js …………………………………………………………… 34
		3.5.5 app.wxml ………………………………………………………… 34
	3.6	小程序的启动 ……………………………………………………………… 34
	3.7	事件绑定 …………………………………………………………………… 35
		3.7.1 事件的类别 ………………………………………………………… 36
		3.7.2 事件的使用方式 …………………………………………………… 36
		3.7.3 冒泡事件与非冒泡事件 …………………………………………… 37
		3.7.4 事件绑定和冒泡 …………………………………………………… 39
思考题		……………………………………………………………………………… 42

第 4 章 微信小程序的组件 ……………………………………………………… 43

	4.1	基础组件 …………………………………………………………………… 43
		4.1.1 view 组件 ………………………………………………………… 43
		4.1.2 scroll-view 组件(可滚动视图区域) …………………………… 44
		4.1.3 swiper 滑块视图容器(轮播) ………………………………… 45
		4.1.4 基础内容 icon 组件 ……………………………………………… 49
		4.1.5 基础内容 text 组件 ……………………………………………… 50
		4.1.6 基础内容 progress 进度条 ……………………………………… 52
		4.1.7 表单组件之按钮组件 button …………………………………… 53
		4.1.8 表单组件之单选框 radio ………………………………………… 55
		4.1.9 表单组件之复选框 checkbox …………………………………… 57
		4.1.10 表单组件 label ………………………………………………… 58
		4.1.11 switch 开关组件 ………………………………………………… 60
		4.1.12 选择器 picker …………………………………………………… 63
	4.2	媒体组件 …………………………………………………………………… 69
		4.2.1 媒体组件 image ………………………………………………… 69
		4.2.2 媒体组件 audio ………………………………………………… 71
		4.2.3 媒体组件 video ………………………………………………… 73
		4.2.4 媒体组件 camera ………………………………………………… 77
	4.3	地图组件 map ……………………………………………………………… 79
	4.4	使用微信 API 函数访问地理位置 ……………………………………… 85

思考题 ·· 90

第 5 章 小程序开发实例 ·· 91

5.1 准备工作 ·· 91
5.2 小程序生命周期 ·· 92
5.3 页面配置初探 ·· 94
5.4 快速实现基本布局——应用弹性盒子布局 ··· 96
    5.4.1 传统布局的实现方式 ·· 97
    5.4.2 弹性盒子布局 ·· 98
    5.4.3 弹性盒子布局的优点 ·· 99
5.5 如何让元素大小适配不同宽度屏幕 ··· 100
5.6 新增"优惠推荐"promotion 页并快速调试 ·· 101
    5.6.1 使用 navigator 组件——从 about 页跳转到 promotion 页 ·························· 101
    5.6.2 配置 tabBar——对若干一级页面的入口链接 ··· 103
    5.6.3 数据绑定——从视图中抽离出数据 ··· 105
    5.6.4 条件渲染 ·· 106
    5.6.5 列表渲染 ·· 107
5.7 数据更新 ·· 110
5.8 页面间跳转的实现机制 ··· 113
思考题 ·· 120

第 6 章 小程序云开发解决方案 ··· 121

6.1 云开发简介 ··· 121
    6.1.1 什么是云开发 ·· 121
    6.1.2 云开发提供能力概览 ··· 121
    6.1.3 小程序·云开发主要基础能力 ·· 122
    6.1.4 数据库基础能力解读 ··· 122
    6.1.5 文件存储能力解读 ·· 125
    6.1.6 云函数能力解读 ··· 125
6.2 如何结合腾讯云开发小程序 ·· 126
    6.2.1 新建云开发模板 ··· 126
    6.2.2 云函数初体验 ·· 131
    6.2.3 在既有小程序项目中新建云函数并实现在视图页面中调用 ·························· 133
6.3 数据库的使用 ·· 135
    6.3.1 基本概念 ·· 135
    6.3.2 集合创建及表数据操作 ··· 135
    6.3.3 控制台数据库高级操作 ··· 137
    6.3.4 代码实现数据库表记录添加操作 ··· 139
    6.3.5 数据库表记录读取操作 ··· 140

6.3.6 数据库表记录修改操作 …… 141
6.3.7 数据库表记录删除操作 …… 142
6.4 渲染视图页面与云开发控制台的数据交互实现 …… 143
6.5 如何从 GitHub 获取小程序示例 Demo …… 147
　6.5.1 如何使用 GitHub …… 147
　6.5.2 用小程序·云开发制作博客小程序 …… 149
思考题 …… 151

第 7 章　小程序云开发方案示例 …… 152
7.1 项目简介 …… 152
7.2 详细设计与实现 …… 153
　7.2.1 项目原型设计 …… 153
　7.2.2 开发环境搭建 …… 153
　7.2.3 数据库环境创建 …… 156
　7.2.4 点爆页面实现 …… 162
7.3 从云端获取数据 …… 195
　7.3.1 页面内数据列表滚动及导航切换后数据列表都在顶部实现 …… 195
　7.3.2 实现数据列表加载功能 …… 196
　7.3.3 搜索框搜索页面的实现 …… 203
　7.3.4 爆文详情及转发功能实现 …… 205
　7.3.5 助爆功能实现 …… 213
思考题 …… 214

参考文献 …… 215

第1章 小程序简介

1.1 什么是小程序

微信小程序,简称小程序,英文名为 Mini Program,是一种不需要下载安装即可使用的轻量级应用程序。用户登录微信,在"发现"中通过"扫一扫"或者"小程序"的搜索功能即可打开应用。它体现了"用完即走"的理念,用户不必关心安装太多应用程序的问题。它使得应用无处不在,随时可用,但又无须安装卸载。

小程序能够实现消息通知、线下扫码、公众号关联等七大功能。其中,通过公众号关联,用户可以实现公众号与小程序之间相互跳转。

小程序全面开放申请后,申请的主体类型为企业、政府、媒体、其他组织或个人的开发者,均可申请注册小程序,小程序、订阅号、服务号、企业号是并行的体系。

小程序不是网页,也不是 App,是一种全新的产品体验。小程序生态吸引了大量的开发者参与,对于开发者而言,小程序开发门槛相对较低,难度不及 App,能够满足简单的基础应用。任何人只要有思想、有创意,具备基本的程序设计语言等方面的知识,便可轻松借助微信开发者工具实现自己的小程序应用。

1.2 小程序能做什么

小程序瞄准的是"轻量级服务",能满足用户大部分的需求。现在小程序的类型很多,应用在国民经济生活的方方面面,如旅游业(携程旅行、同程艺龙等)、媒体资讯业(腾讯新闻、腾讯视频等)、酒店业(亚朵生活、维也纳酒店+)、餐饮业(美团外卖、星巴克用星说、肯德基自助点餐等)、医院(南方医院互联网医院、浙江大学医学院附属口腔医院等)、交通业(北京一卡通、上海公共交通乘车码等)、游戏(跳一跳、彩虹俄罗斯方块等)、营销(专卖土货、有赞精选等)等。

小程序的应用与人们的生活紧密相关。据澎湃新闻报道,自 2019 年 7 月 1 日起正式实施《上海市生活垃圾管理条例》以来,为使老百姓处理生活垃圾更轻松,引入互联网技术是上海积极推广垃圾分类知识的又一创新举措。2019 年 6 月 28 日,支付宝推出垃圾分类小程序,千余种垃圾可以一键查询分类。用户可以在支付宝内搜索"垃圾分类指南"进入小程序,输入需丢弃的垃圾名称,获取分类结果;或者搜索"垃圾分类向导"小程序,通过搜索或直接上传垃圾图片,也可获得垃圾的分类结果,甚至还可以直接预约上门"收垃圾"。废旧报纸、纸箱、塑料瓶等可回收物,都可在线下单,免费上门回收。目前,支付宝"垃圾分类回收平台"可支持上海五千多个小区。据悉,支付宝还将上线"扫一扫"识别功能,用户只需用手机"扫一扫"便可获知垃圾的种类(链接地址:https://www.thepaper.cn/newsDetail_forward_3799261)。

小程序的应用已经渗透到人们生活的方方面面,只要我们不断与时俱进、积极拥抱互联网时代、创新思想,并与生活实践相结合,小程序的应用将会大有作为,互联网时代唯有不断创新方可永立潮头。

1.3 小程序的宣传方式

小程序共有 7 种宣传推广方式。
(1)通过小程序搜索入口,搜索附近的小程序。
(2)扫一扫小程序 QR 码。
(3)长按识别小程序 QR 码。
(4)通过好友分享、群分享。
(5)关联公众号。
(6)第三方的小程序应用商店。
(7)小程序之间互相跳转。

1.4 小程序的特点

(1)小程序无须下载安装,加载速度快于 HTML5,微信登录之后,随时可用。
(2)一次开发,多端兼容,适用于 Android 系统和 iOS 系统。
(3)支持直接或 App 分享给微信好友或群聊。
(4)可达到近乎原生 App 的操作体验和流畅度,当用户处于离线状态时也可使用。
(5)应用轻量,通过扫码、长按、搜索、公众号、好友推荐等方式可快速获取小程序服务,用完即走。
(6)低门槛,已有公众号的组织或个人可快速注册,即时生成门店小程序。

1.5 小程序的产品优势

小程序相对于 App、普通 Web 网页应用,其优势如表 1.1 所示。

表 1.1 小程序的产品优势

方 面	普通 Web 应用	App 应用	小程序应用
开发成本	低	高	低
用户获取成本	低	高	低
用户体验	低	高	高
用户留存	低	高	高

鉴于目前手机终端的功能已很大程度上可以代替传统 PC 或笔记本电脑,基于手机开发的轻量级应用如小程序、微信公众号应用等将越来越广泛,我们鼓励在传统的毕业设计中使用小程序来实现一些轻量级应用。

1.6 小程序开发的准备工作

1.6.1 小程序框架

小程序框架系统分为两部分,分别是渲染层(View)与逻辑层(App Service),如图1.1所示。渲染层采用WXML和WXSS(类似于Web开发中的HTML+CSS),逻辑层采用JsCore进程运行JavaScript脚本,渲染层与逻辑层分别由两个线程管理。

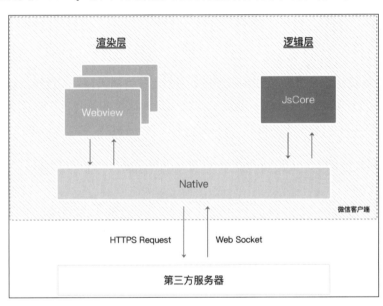

图1.1 小程序框架

小程序运行时会有两个线程：View Thread和AppService Thread,相互隔离。一个小程序存在多个页面,所以渲染层也存在多个View线程,两个线程的区别如表1.2所示。

表1.2 View Thread与AppService Thread的区别

线程名称	所属模块	运行代码	原理	备注
View	渲染层	WXML/WXSS	Webview渲染	WXML、WXML编译器分别将WXML、WXSS文件均转换为JS
AppService	逻辑层	JavaScript	Js-Core运行	只有一个

逻辑层将数据进行处理后,把数据发送给渲染层,触发渲染层页面更新,同时接受渲染层的事件反馈；渲染层把触发的事件通知到逻辑层进行业务处理。

1.6.2 小程序开发流程

小程序的开发同网页开发有所不同,需要申请小程序账号、安装小程序开发者工具(将在第2章中介绍)、配置项目等过程才能完成。账号的申请需要登录微信公众平台mp.weixin.qq.com,在页面中找到"立即注册",选择其中的小程序。使用邮箱进行注册,每个邮箱仅能申请一个小程序。账号申请成功后，还需要经过编写代码、完善代码、提交代码、审核发布等过程，方可完成一个完整的小程序项目的开发。

1.7 小程序的设计规范

为了在微信生态体系内建立友好、高效、一致的用户体验，同时最大限度地适应和支持不同需求，从而实现用户与小程序服务方的共赢，微信小程序设计指南拟定了小程序界面设计指南和建议，详见微信官方文档（https://developers.weixin.qq.com/miniprogram/design/）。

小程序的界面设计应符合以下原则。

（1）友好礼貌原则：要求做到重点突出，流程明确。

重点突出指每个页面都应有明确的重点，以便用户每进入一个新页面的时候都能快速地理解页面内容，同时应尽量避免页面上出现与用户的决策和操作无关的干扰因素。

流程明确指用户在某一个页面进行某一项操作时，应避免出现目标流程之外的内容而对用户的行为形成干扰。

（2）清晰明确原则：要求做到导航明确、来去自如；减少等待、反馈及时；异常可控、有路可退。

作为小程序界面设计者，应有一定的设计思维，具备一定的先进设计理念，使得用户进入小程序页面时，能清晰明确地告知用户自己身在何处，可去往何处。通过设计小程序菜单、页面导航、标签分页导航等，建立明确的导航机制，让用户知道当前在哪儿、可以去哪儿、如何回去，实现来去自如。

"减少等待、反馈及时"是指当小程序出现加载和等待延时的时候，页面设计者应给用户及时的反馈，以避免用户的焦虑情绪；建议尽可能地使用简洁的加载样式，如进度条或百分比的形式，告知用户加载进程及预期完成时间。除此之外，对操作结果也需要给出明确的反馈，用以舒缓用户等待的不良情绪。

"异常可控、有路可退"是指在出现异常状态时，界面设计者应给予用户必要的状态提示，并告诉他们解决方案，使他们有路可退。

（3）便捷优雅原则：要求做到减少输入、避免误操作，以及利用接口提高性能。

小程序的运行载体为手机终端，通过手指进行操作的精确性和输入效率，大大不如键盘鼠标，因此需要开发者在设计操作界面时充分考虑到手机的特性，使用户便捷、优雅地操控界面。

"减少输入"，是指开发者在设计小程序操作页面时，应充分考虑到手机键盘区域小且密集这一特点，有效利用系统提供接口和其他一些易于操作的选择控件，来达到改善用户体验的目的。例如，添加银行卡要求输入银行卡卡号的时候，可以调用摄像头识别接口；需要输入位置信息的时候，可以调用地理位置接口等。

除利用接口外，如果一些页面操作必须要让用户进行手指输入时，尽量通过拉出选择项的方式让用户做选择而不是按键输入。

"避免误操作"，开发者在设计需要单击的控件时，需要充分考虑该被单击控件的热区面积，避免由于可单击区域过小或者过于密集而造成误操作。

"利用接口提高性能"，微信提供了一套网页标准控件库，同时也在不断完善和扩充小程序接口，利用这些资源，不但能为用户提供更好的服务体验，而且对页面性能的提高，有着极大的作用。

(4) 统一稳定原则。

不同页面的设计应保持统一风格，页面元素的安排与布置应具有延续性，不同页面尽量使用一致的控件和交互方式，减轻页面呈现效果波动较大及设计风格不一造成的不适感。微信还提供了 WeUI 等一套标准的控件，可以帮助开发人员达到统一稳定的目的。

除以上四个原则外，微信小程序设计指南还对视觉规范进行了规定或建议，如字体、字号的设定，字体颜色(包括主要内容用色、次要内容用色、时间戳与表单默认值的用色、链接用色、出错用色等)，还包括列表(标题、单项列表、小标题等)规范，以及表单输入，按钮输入(大按钮、中按钮、小按钮、失效按钮等)，图标(完成图标、错误提示/警示图标、提醒、次级警示图标等)等。

1.8 小程序的运营规范

小程序的上线，从功能到页面内容有很多审核点，开发者须仔细阅读《微信小程序接入指南》《微信小程序设计规范》《微信小程序开发指南》等，同时还须熟知微信小程序平台常见拒绝情形，从而审视自己开发的小程序是否符合审核要求，避免反复修改造成资源浪费。

微信团队希望任何一个提交的小程序都能够符合微信团队一直以来的价值观，即一切以用户价值为依归，让创造发挥价值，好的产品是用完即走，让商业化存在于无形之中。

微信小程序的具体运营规范包括 17 大条 114 小条，如果是选择开发小程序游戏类目，还须仔细阅读《微信小游戏接入指南》《微信小游戏开发指南》等。

小程序不能提供与微信客户端功能相同或者类似的功能，如不能包含朋友圈、漂流瓶等；不得存在滥用分享违规行为；不得存在恶意刷票、刷粉、刷单等行为；不得存在当前所选类目与所运营的服务内容不一致等行为；不得展示和推荐第三方小程序，如不能做小程序导航，不能做小程序链接互推、小程序排行榜等；不能将搜索小程序功能加入小程序；小程序功能的使用不能以关注或者使用其他公众号或者小程序为先提条件，如使用 A 小程序时，必须同时使用 B 小程序；在采集用户数据之前，必须确保经过用户同意，并向用户如实披露数据用途、使用范围等相关信息；不得非法收集或窃取用户密码或其他个人数据；不得发布、传送、传播、存储国家法律法规禁止的信息内容等。

具体内容可参见《小程序运营规范》(https://developers.weixin.qq.com/miniprogram/product/)。

1.9 几个重要的参考文档

(1) 小程序官网。

https://mp.weixin.qq.com

(2) 小程序开发文档。

https://mp.weixin.qq.com/debug/wxadoc/dev/index.html

（3）开发者社区。

https://developers.weixin.qq.com

思 考 题

1. 小程序与 App 应用有何区别？

2. 小程序具有哪些优势？

3. 请结合自己所学专业或感兴趣的专题设计一个自己拟开发的小程序应用服务，从功能需求、界面设计、组件应用、数据库设计等方面进行初步规划；该应用服务的小程序开发将基于本教程的后续知识点学习，至本课程结束，应能开发出一个能实现基本功能的小程序应用。

第 2 章　小程序开发工具简介

2.1　小程序官方文档

小程序官方文档地址：https://developers.weixin.qq.com/miniprogram/dev/，打开后的界面如图 2.1 所示。

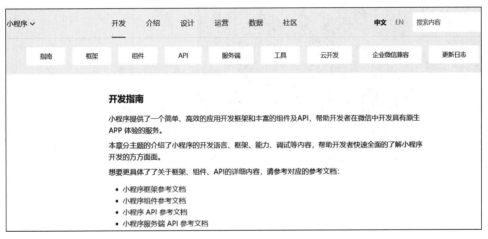

图 2.1　小程序官方文档

在教程中，提供了微信 Web 开发者工具的下载链接：https://developers.weixin.qq.com/miniprogram/dev/devtools/download.html，当前最新版本于 2020 年 4 月发布，版本号为 1.02.2004020，并且版本将处于不断更新中。

2.2　小程序开发流程

小程序注册目前可以开放给个人或公司，两种注册形式都可以，其具体开发流程为：注册小程序→代码开发→提交审查（官方审核，不能是 demo，也不能违规，如诱导分享等）。审核通过就可以发布上线，如果审核未通过，查看原因，具体原因可参考第 1 章中介绍的小程序运营规范常见拒绝原因，对其进行修改，再次提交审核直到审查通过。

2.3 小程序账号注册

微信平台提供两种小程序注册方式,一是通过公众号后台注册,二是进入微信小程序官网注册。

2.3.1 微信公众号注册小程序

首先登录微信公众平台,如图2.2所示。

图2.2 微信公众平台登录界面

用手机微信"扫一扫"扫码验证身份,进入微信公众平台,如图2.3所示。

图2.3 微信公众平台扫码验证身份

单击左侧菜单中的"小程序"→"小程序管理",进入如图2.4所示界面。

图 2.4 微信公众号注册小程序账号

通过这种方式注册的好处是,如果公众号已经认证,则小程序不需要再次认证,可以共用之前认证的信息,减少认证的费用,但是不支持个人类型公众号创建小程序账号,如图2.5所示。

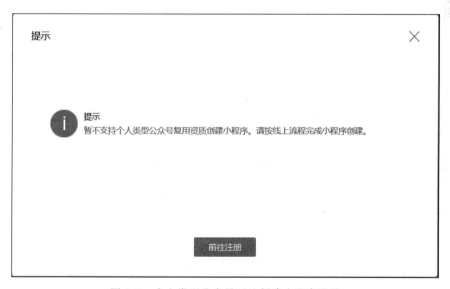

图 2.5 个人类型公众号无法创建小程序账号

2.3.2 微信小程序官网注册小程序账号

单击 https://mp.weixin.qq.com/wxopen/waregister?action=step1,出现如图2.6所示的注册界面。

根据指引填写信息和提交相应的资料,就可以拥有自己的小程序账号。

图 2.6　小程序注册界面

2.4　新建小程序项目

下载微信开发者工具,启动后出现如图 2.7 所示界面。

图 2.7　微信开发者工具启动后界面

用微信"扫一扫"功能扫描图 2.7 中的二维码,会显示之前开发的所有小程序项目,如图 2.8 所示,也可单击右下角的"＋"新建小程序项目。

单击下方的"管理",可选中不需要的小程序项目进行删除;如要生成一个新的小程序,则单击图 2.8 中的实线框起来的"＋"部分,出现如图 2.9 所示界面。

图 2.8　小程序项目启动界面

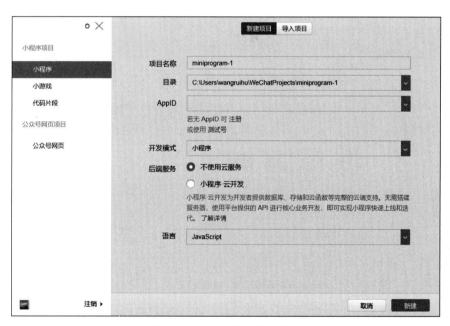

图 2.9　新建小程序项目页面

图 2.9 中的项目目录,可以是新建小程序项目时在计算机相应文件夹新建的用于存放该项目的根目录,也可以是一个现成项目所在的根目录。需要注意的是,这里的目录一定要是一个空目录,或者选择的非空目录下存在 app.json 或者 project.config.json,否则会报错。另外,若无 AppID,可通过"注册"获取,或者"使用测试号"。

此处选择"使用测试号",单击"新建"按钮,出现以下开发主界面,如图 2.10 所示。整个微信开发者工具主界面，依次从上到下、从左到右，可分为 5 大部分，分别为菜单栏、工具栏、模拟器、编辑器、调试器。这 5 大部分是否全部在主界面中显示可通过菜单栏中的"界面"菜单控制。

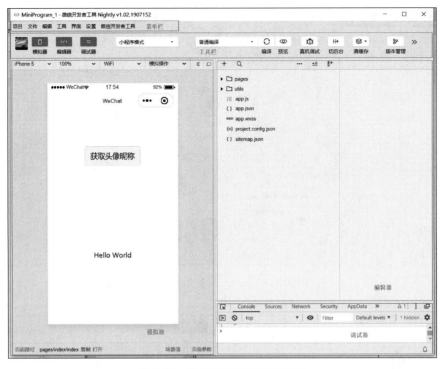

图 2.10　微信开发者工具主界面

单击工具栏中的用户头像，可打开"个人中心"，此处可以便捷地切换用户和查看开发者社区通知，如图 2.11 所示。

图 2.11　个人中心

模拟器用于模拟小程序代码通过编译后在微信客户端的显示效果，开发者可以选择不同的设备，也可添加自定义设备来调试小程序在不同尺寸手机终端上的适配问题，如图 2.12 所示。

图 2.11 中的"模拟器""编辑器""调试器"相当于三个开关，控制 IDE 的界面显示；当单击"模拟器"使之变为不可用的时候，小程序的模拟运行界面就会隐藏起来，其他也类似。

可以在图 2.13 中选择相应的编译模式。普通编译是默认编译，编译首页的内容。

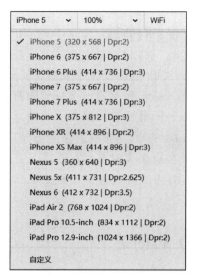

图 2.12　模拟显示设备选择

图 2.13　选择编译模式

首页和非首页的配置在 app.json 中：

```
"pages":[
    "pages/index/index",
    "pages/logs/logs"
],
```

代码中第一个页面"pages/index/index"写的是哪一个路由,普通编译模式则就会去编译对应的页面。如果需要到某一个页面去调试的时候,可以自定义编译,即添加编译。添加编译模式的时候,可以选择对应的页面,取一个模式名称,选择进入场景,如图 2.14 所示。

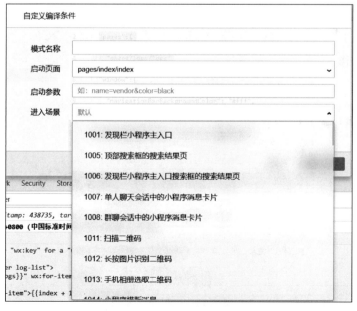

图 2.14　自定义编译模式

2.5 调试区 6 种模式

调试区共提供 6 种工具模式供开发者在调试代码时使用,它们分别是:Console,即控制台,用于显示错误信息和打印变量的信息等;Sources,显示当前项目的所有脚本文件,微信小程序框架会对这些脚本文件进行编译;Network,显示与网络相关的信息;Storage,显示当前项目使用 wx.setStorage 或者 wx.setStorageSync 后的数据存储情况;AppData,显示当前项目的具体数据,可以在这里编译,并且会在页面实时显示;最后一个是 WXML 调试区,相当于 HTML+CSS。开发者可根据不同的调试需要选择不同的工具模式,或几种不同工具模式组合起来使用。

2.6 AppID 的创建

首先单击图 2.9 界面中 AppID 下的"注册",出现如图 2.15 所示界面。

图 2.15 小程序注册

在该界面中填写相关信息后,单击"注册"按钮,出现如图 2.16 所示界面。

图 2.16　激活小程序账号

进入注册填写的邮箱,单击邮箱收到的链接地址激活账号。然后在"信息登记"界面中填入用户信息,这里主体类型选择"个人",如图 2.17 所示。

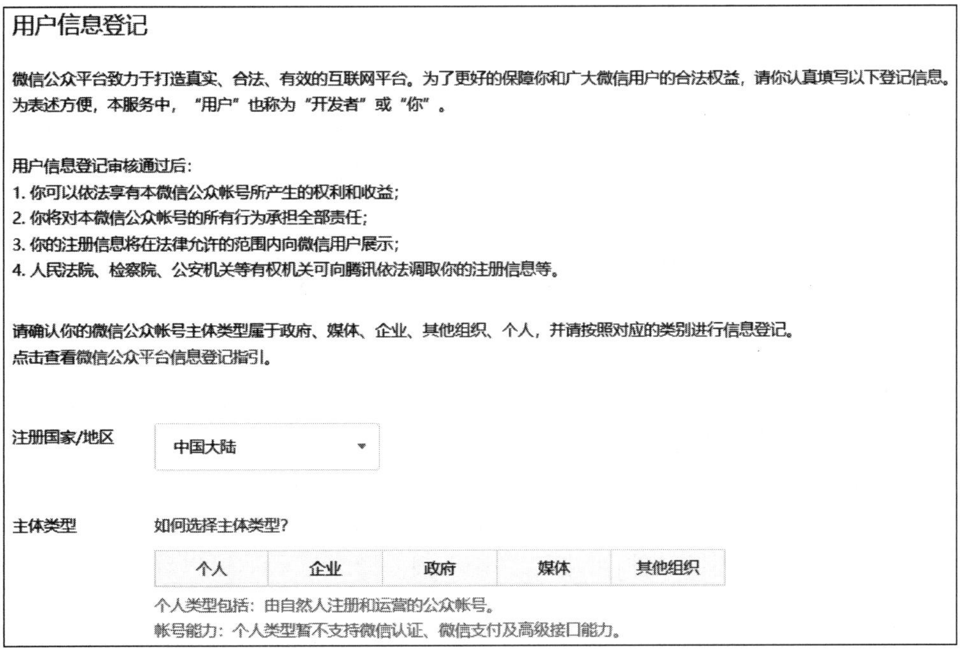

图 2.17　用户信息登记

继续完善"主体信息登记",填入身份证姓名、身份证号码、管理员手机号码等信息,并使用管理员本人微信扫描二维码,进行管理员身份验证。单击"继续"按钮,微信平台弹出主体信息确认提示,无误后单击"确定"按钮,弹出"信息提交成功"提示信息,单击"前往小程序"按钮,出现"小程序发布流程"页面,如图2.18所示。

图 2.18　小程序发布流程

单击"开发设置",就可以看到生成的 AppID 了,如图 2.19 所示。

图 2.19　注册生成的 AppID

2.7　小程序开发之初体验

依次选择菜单栏中的"项目"→"新建项目",填写"项目名称""目录",以及前面生成的 AppID,开发模式默认选择"小程序",后端服务默认选择"不使用云服务",语言默认选择 JavaScript,然后单击"新建"按钮,如图 2.20 所示。

此时也可生成如图 2.10 所示的页面,单击"获取头像昵称"按钮,允许微信授权获取公开信息,此时模拟器中原有的"获取头像昵称"就变成开发者本人的微信头像了。

也可以单击"预览"按钮,扫描生成的二维码,如图 2.21 所示,可以看到小程序的实现效果。

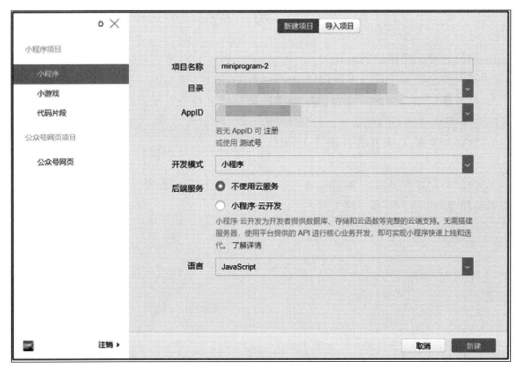

图 2.20　新建小程序项目

图 2.21　通过二维码扫描运行小程序

思 考 题

1. 如何查看小程序的 AppID？
2. 不同的小程序项目可不可以使用同一个 AppID？
3. 小程序在微信开发者工具模拟器中的运行结果是否与手机扫描二维码"预览"模式呈现的结果完全一样？为什么？
4. 微信开发者工具 IDE 环境主要可分为＿＿＿＿、＿＿＿＿、＿＿＿＿、＿＿＿＿、＿＿＿＿五大部分。
5. 微信开发者工具 IDE 调试区 6 大模式中，如果想要查看或输出一些中间变量，或运行结果的信息，应该采用哪一种工具？

第 3 章　小程序框架结构介绍

3.1　MINA 框架

微信团队为小程序提供的框架命名为 MINA 应用框架(在微信官方文档中现已取消该名称),它的核心是一个响应的数据绑定系统。

如图 3.1 所示,MINA 框架分为两大部分,分别是页面视图层与 AppService 应用逻辑层。在页面视图层,开发者使用 WXML 文件搭建页面的基本视图结构,使用 WXSS 文件控制页面的展现样式。小程序自己开发了一套 WXML 标签语言和 WXSS 样式语言,并非直接使用标准的 HTML5+CSS3。

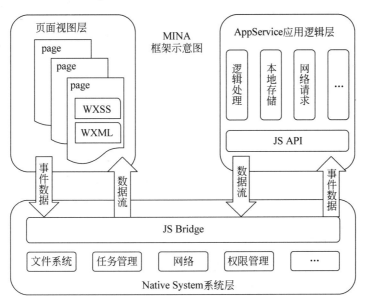

图 3.1　微信小程序框架结构图

AppService 应用逻辑层是 MINA 的服务中心,由微信客户端启用异步线程单独加载运行。页面渲染所需的数据、页面交互处理逻辑都在 AppService 中实现。AppService 使用 JavaScript 编写交互逻辑、网络请求、数据处理,小程序中的各个页面可以通过 AppService 实现数据管理、网络通信、应用生命周期管理和页面路由。

MINA 框架提供视图层与逻辑层之间的数据绑定和事件绑定系统,该系统实现了视图层和逻辑层的基于数据绑定和事件机制的数据交互:在逻辑层传递数据到视图层的过程中,它让数据与视图非常简单地保持同步;当作数据修改的时候,只需要在逻辑层修改数据,视图层就会做相应的更新。

文件结构

MINA 框架程序包含一个描述整体程序的 App 和多个描述各个页面的 pages,一个 MINA 程序的主体部分由 3 个文件组成,这 3 个文件必须放在项目的根目录下,如图 3.2 所示。

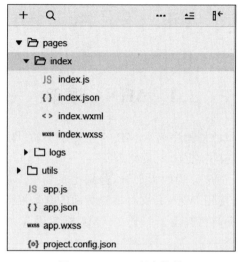

图 3.2　MINA 程序结构

pages 用于创建页面,图 3.2 中的 index 页面和 logs 页面,用于展示欢迎页和小程序启动日志页面。小程序中的每个页面的"路径＋页面名"都要写在 app.json 的 pages 中,且 pages 中的第一个页面是小程序的首页即 index 页面。表 3.1 和表 3.2 分别给出了程序主体部分的 3 个文件以及构成一个页面的 4 个文件。

表 3.1　组成 MINA 程序主体的 3 个文件

文 件 名 称	是 否 必 需	作　　用
app.js	是	小程序逻辑
app.json	是	小程序公共设置
app.wxss	否	小程序公共样式表

app.js 是小程序的脚本代码,用于监听并处理小程序的生命周期函数、声明全局变量等。app.json 用于配置小程序由哪些页面组成,配置小程序的窗口背景色,配置导航条样式,以及配置默认标题;需要注意的是该文件不可添加任何注释,示例代码为。

```
{
    "pages":[
        "pages/index/index",
        "pages/logs/logs"
    ],
    "window":{
        "backgroundTextStyle":"light",
        "navigationBarBackgroundColor": "#fff",
```

```
        "navigationBarTitleText": "WeChat",
        "navigationBarTextStyle": "black"
    },
    "sitemapLocation": "sitemap.json"
}
```

小程序中每新增或减少页面时,都需要对 app.json 文件中的 pages 数组进行修改。

app.wxss 是整个小程序的公共样式表,可以在页面组件的 class 属性上直接使用 app.wxss 中定义的样式规则,示例代码为:

```
/** app.wxss **/
.container {
  height: 100%;
  display: flex;
  flex-direction: column;
  align-items: center;
  justify-content: space-between;
  padding: 200rpx 0;
  box-sizing: border-box;
}
```

表 3.2 给出了微信规定的小程序的界面组织模式中的 4 个文件构成,其中,.wxml 文件(页面结构文件)类似 HTML,负责页面结构,可绑定数据;.wxss 文件(样式表文件)类似 CSS;.json 文件(配置文件)用于配置样式,如选项卡、窗口样式等;.js 文件(脚本文件)用于运行页面逻辑,使用 JS 语言。

表 3.2　构成一个 MINA 页面的 4 个文件

文件类型	是否必需	作　　用
wxml	是	页面结构
wxss	否	页面样式表
json	否	页面配置
js	是	页面逻辑

3.2　WXML 标签语言

3.2.1　WXML 简介

WXML 用于指定界面的框架结构,而 WXSS 则用于指定界面的框架及元素的显示样式。

WXML 是微信小程序团队设计的一套标签语言,可以构建出页面的结构,开发者通过借助 WXML 提供的各种组件,可以很方便地实现文字的嵌入、图片的嵌入、视频的嵌入等。

我们知道,在开发基于 Web 的网络系统时,网页编程通常采用 HTML+CSS+JS 组合,HTML 用来描述当前这个页面的结构,CSS 用来描述页面的显示样式,JS 用来处理这个页面和用户的交互。

在小程序中,WXML 充当的就是类似 HTML 的角色。打开 pages/index/index.wxml,其中代码如下:

```
<!-- index.wxml -->
<view class = "container">
  <view class = "userinfo">
    <button wx:if = "{{!hasUserInfo && canIUse}}" open-type = "getUserInfo"
            bindgetuserinfo = "getUserInfo">获取头像昵称</button>
    <block wx:else>
      <image bindtap = "bindViewTap" class = "userinfo-avatar"
             src = "{{userInfo.avatarUrl}}" mode = "cover"></image>
      <text class = "userinfo-nickname">{{userInfo.nickName}}</text>
    </block>
  </view>
  <view class = "usermotto">
    <text class = "user-motto">{{motto}}</text>
  </view>
</view>
```

从视图层的角度来说,WXML 由标签、属性等构成,但也存在如下与 HTML 的不同之处。

1. 开发工具不同

常见的 HTML5 的开发工具有 Adobe Dreamweaver CS6、Adobe Edge、DevExtreme、JetBrains WebStorm 等;小程序开发有自己的开发工具,名为"微信开发者工具",可以实现同步本地文件+开发调试+编译+预览+上传+发布等一整套流程。

2. 开发语言不同

小程序自己开发了一套 WXML 标签语言和 WXSS 样式语言,并非直接使用标准的 HTML5+CSS3。

常见的 HTML 有,定义声音内容的<audio>标签,定义粗体字的<b>标签,定义表格标题的<caption>标签,定义文档中的节的<div>标签等;HTML5 中又新增了一些标签,如装载非正文内容附属信息的<aside>标签,对标题元素(h1~h6)进行组合的<hgroup>标签,用于描述独立的流内容(图像、图表、照片、代码等)的<figure>(<figcaption>)标签等。

小程序的 WXML 用的标签在语法上更接近 XML,遵循 SGML 规范,区别于 HTML 随意的标签闭合方式,WXML 必须包括开始标签和结束标签,如<view></view>、<text></text>、<navigator url="#" redirect></navigator>等,这些标签都是小程序给开发者包装好的基本能力,还提供了地图、视频、音频等组件能力。

3. 组件封装不同

小程序独立出来了很多原生 App 的组件,在 HTML5 中需要模拟才能实现的功能,在小程序中可以用直接调用组件的形式来实现。

4. 多了一些 wx:if 这样的属性以及{{}}这样的表达式

在一般的网页开发流程中,通常会通过 JS 操作 DOM,以引起界面的一些变化来响应用户的行为。例如,用户单击某个按钮的时候,JS 会记录一些状态到 JS 变量里,同时通过

DOM API 操控 DOM 的属性或者行为,从而引起视图层的一些变化。当项目越来越大的时候,代码中将会充斥着非常多的界面交互逻辑和程序的各种状态变量,显然这不是一个很好的开发模式,因此就有了 MVVM 的开发模式(例如 React、Vue),提倡把渲染和逻辑分离。简单来说,就是不要再让 JS 直接操控 DOM,JS 只需要管理状态即可,然后再通过一种模板语法来描述状态和界面结构的关系即可。

小程序的框架也是用到了这个思路,如果需要把一个 Hello World 的字符串显示在界面视图上,WXML 的写法是:

```
<text>{{msg}}</text>
```

JS 只需要管理状态即可:

```
this.setData({ msg: "Hello World" })
```

通过{{}}的语法把一个变量绑定到界面视图上,称为数据绑定。仅通过数据绑定还不能够完整地描述状态和界面的关系,还需要 if/else、for 等控制能力,在小程序里,这些控制能力都用以"wx:"开头的属性来表达,例如:

```
<view wx:if = "{{boolean == true}}">
    <view class = "bg_black"></view>
</view>
<view wx:elif = "{{boolean == false}}">
    <view class = "bg_red"></view>
</view>
```

3.2.2 基础知识

1. 语法规则

(1) 所有的元素都需要闭合标签,例如:

```
<text>Hello World</text>;
```

(2) 所有的元素都必须正确嵌套,例如:

```
<view>
    <text>Hello World</text>
</view>;
```

(3) 属性值必须用引号包围,例如:

```
<text id = "myText">myText</text>;
```

(4) 标签必须用小写。

(5) WXML 中连续多个空格会合并成一个空格。

2. WXML 的共同属性

由于某些属性被几乎所有的组件使用,这些属性被抽离出来,形成 WXML 组件的共同属性,如表 3.3 所示。

表 3.3　WXML 组件的共同属性

属 性 名	描　　述	注　　解
id	组件唯一标识	页面内唯一
class	组件样式类	在对应的 WXSS 内定义
style	组件的内联样式	常用语动态样式
hidden	组件是否显示	默认显示
data-*	自定义数据	触发时会进行上报
hide/catch	组件事件	

3. 基本组件

组件是视图层的基本组成单元，自带一些功能与微信风格类似的样式。一个组件通常包括开始标签和结束标签，属性用来修饰这个组件，内容在两个标签之内，形如：

< tagname property = "value"> Contents here … </tagname >

需要注意的是，所有组件与属性都是小写，以连字符-连接。

界面结构 WXML 主要由七大类基础组件构成，分别如表 3.4～表 3.10 所示。

表 3.4　视图容器（View Container）类组件

序　号	组 件 名	说　　明
1	movable-view	可移动的视图容器，在页面中可以拖曳滑动
2	cover-image	覆盖在原生组件之上的图片视图
3	cover-view	覆盖在原生组件之上的文本视图
4	movable-area	movable-view 的可移动区域
5	scroll-view	可滚动视图区域
6	swiper	滑块视图容器，其中只可放置 swiper-item 组件
7	swiper-item	仅可放置在 swiper 组件中，宽高自动设置为 100%
8	view	视图容器

表 3.5　基础内容（Basic Content）类组件

序　号	组 件 名	说　　明
1	icon	图标，长度单位默认为 px
2	text	文本
3	progress	进度条
4	rich-text	富文本

表 3.6　表单（Form）类组件

序　号	组 件 名	说　　明
1	button	按钮
2	form	表单
3	input	输入框
4	checkbox	多选项目
5	checkbox-group	多项选择器，内部由多个 checkbox 组成

续表

序 号	组 件 名	说 明
6	editor	富文本编辑器,可以对图片、文字进行编辑
7	radio	单选项目
8	radio-group	单项选择器,内部由多个 radio 组成
9	picker	从底部弹起的滚动选择器
10	picker-view	嵌入页面的滚动选择器
11	picker-view-column	滚动选择器子项
12	slider	滑动选择器
13	switch	开关选择器
14	label	标签,用来改进表单组件的可用性
15	textarea	多行输入框

表 3.7 导航(Navigator)类组件

序 号	组 件 名	说 明
1	functional-page-navigator	仅在插件中有效,用于跳转到插件功能页
2	navigator	页面链接

表 3.8 媒体(Media)类组件

序 号	组 件 名	说 明
1	audio	音频
2	camera	系统相机
3	image	图片
4	live-player	实时音视频播放
5	live-pusher	实时音视频录制
6	video	视频

表 3.9 地图(Map)类组件

序 号	组 件 名	说 明
1	map	地图

表 3.10 画布(Canvas)类组件

序 号	组 件 名	说 明
1	canvas	画布

其他更多组件及其使用方法将在第 4 章中予以介绍。

3.2.3 WXML 主要功能

1. 实现数据绑定

WXML 中的动态数据均来自于对应 Page 的 data,数据绑定使用{{}}将变量包含起来,可以作用于以下几方面。

1)内容

如在某一个页面的 JS 文件中定义一个字符串型变量 message，给其赋值为"Hello World"，代码为：

```
Page({
  data: {
    message: 'Hello World'
  }
})
```

然后在视图层的<view>组件中显示该 message 变量，代码为：

`<view>{{ message }}</view>`

2）组件属性

如视图层中某一个<view>组件的 id 属性命名为：

`<view id = "item - {{id}}"></view>`

其中的 id 值在 Page 中定义：

```
Page({
  data: {
    id: 0
  }
})
```

3）控制属性

如在 Page 页面中定义一个 boolean 型变量 condition，初始化为 true：

```
Page({
  data: {
    condition:true
  },
})
```

然后再在 WXML 文件中添加如下代码：

`<view wx:if = "{{condition}}">"Hello World"</view>`

编译后会在模拟器中显示 Hello World 字样；如将 condition 改为 false，则运行后不会显示。

4）运算

可以在{{}}内进行简单的运算，如条件表达式中的三元运算：

`<view hidden = "{{flag ? true : false}}"> Hidden </view>`

以及算术运算：

`<view>{{a + b}} + {{c}} + d</view>`

```
Page({
```

```
    data: {
      a: 2,
      b: 3,
      c: 4
    }
})
```

view 中的显示内容为：5+4+d。

再比如字符串运算：

```
<view>{{"hello" + name}}</view>

Page({
  data:{
    name: 'World'
  }
})
```

等。

2. 条件渲染

在 WXML 框架中，使用 wx:if=""来判断是否需要渲染该代码块，如前面代码中的

```
<view wx:if = "{{condition}}">"Hello World"</view>
```

也可以用 wx:elif 和 wx:else 来添加一个 else 块，如：

```
<view wx:if = "{{length > 5}}"> 1 </view>
<view wx:elif = "{{length > 2}}"> 2 </view>
<view wx:else> 3 </view>
```

3. 列表渲染

在 WXML 文件中输入以下代码：

```
<view wx:for = "{{[1, 2, 3, 4, 5, 6, 7, 8, 9]}}" wx:for-item = "i">
    <view style = 'display:inline-block;width:35px' wx:for = "{{[1, 2, 3, 4, 5, 6, 7, 8, 9]}}" wx:for-item = "j">
        <view wx:if = "{{j <= i}}">
            {{i}} * {{j}} = {{i * j}}
        </view>
    </view>
</view>
```

此处通过 wx:for 两重嵌套循环，实现一个九九乘法表。<view>组件的 wx:for 控制属性用于绑定一个数组，可利用数组中各项数据重复渲染该组件，wx:for-item 用于指定数组当前元素的变量名。

以上代码编译运行后，在模拟器中的显示效果如图 3.3 所示。

之所以会出现显示字符的重叠，是因为样式设置有问题，需要在相应页面的 WXSS 文件中补充相应代码，如下。

```
1*1=1
2*1=2 2*2=4
3*1=3 3*2=6 3*3=9
4*1=4 4*2=8 4*3=12 4*4=16
5*1=5 5*2=10 5*3=15 5*4=20 5*5=25
6*1=6 6*2=12 6*3=18 6*4=24 6*5=30 6*6=36
7*1=7 7*2=14 7*3=21 7*4=28 7*5=35 7*6=42 7*7=49
8*1=8 8*2=16 8*3=24 8*4=32 8*5=40 8*6=48 8*7=56 8*8=64
9*1=9 9*2=18 9*3=27 9*4=36 9*5=45 9*6=54 9*7=63 9*8=72 9*9=81
```

图 3.3　九九乘法表的实现效果（一）

```
.multiply{
  font-size:8px
}
```

然后在 WXML 文件中添加一个视图组件<view>，将其 class 属性设置为：

```
<view class = "multiply">
```

再将上述代码置于该<view>组件内，则最终的实现效果如图 3.4 所示。

```
1*1=1
2*1=2 2*2=4
3*1=3 3*2=6 3*3=9
4*1=4 4*2=8 4*3=12 4*4=16
5*1=5 5*2=10 5*3=15 5*4=20 5*5=25
6*1=6 6*2=12 6*3=18 6*4=24 6*5=30 6*6=36
7*1=7 7*2=14 7*3=21 7*4=28 7*5=35 7*6=42 7*7=49
8*1=8 8*2=16 8*3=24 8*4=32 8*5=40 8*6=48 8*7=56 8*8=64
9*1=9 9*2=18 9*3=27 9*4=36 9*5=45 9*6=54 9*7=63 9*8=72 9*9=81
```

图 3.4　九九乘法表的实现效果（二）

3.3　WXSS

WXML 理解起来较为容易，但如果只是通过 WXML 搭建好了小程序页面的框架，并不能达到开发者想要的界面效果，正如同图 3.3 中的显示字符重叠一样，此时就需要用到 WXSS。WXSS(WeiXin Style Sheets)是一套样式语言，用于描述 WXML 的组件样式，用来决定 WXML 的组件该如何显示。微信提供的 WXSS 具有 CSS 大部分的特性，并做了一些扩充和修改。

1. 新增了尺寸单位

在用 CSS 布局样式时，开发者需要考虑到手机终端的屏幕显示会有不同的宽度和设备像素比，从而采用一些技巧来换算一些像素单位。WXSS 在底层支持新的尺寸单位 rpx，开发者可以免去换算的烦恼，只要交给小程序底层来换算即可，由于换算采用浮点数运算，所以运算结果会和预期结果有一点点儿偏差。

rpx(responsive pixel)：可以根据屏幕宽度进行自适应。规定屏幕宽为 750rpx。如在 iPhone6

上,屏幕宽度为375px,共有750个物理像素,则750rpx=375px=750物理像素,1rpx=0.5px=1物理像素。微信官方文档建议在开发小程序时以iPhone6作为视觉设计标准。

rpx与px单位换算如表3.11所示。

表3.11 不同手机终端上的尺寸单位换算

序号	设备名	rpx换算px(屏幕宽度/750)	px换算rpx(750/屏幕宽度)
1	iPhone5(320×568)	1rpx=0.42px	1px=2.34rpx
2	iPhone6(375×667)	1rpx=0.5px	1px=2rpx
3	iPhone6 Plus(414×736)	1rpx=0.552px	1px=1.81rpx

2. 提供了全局的样式和局部样式

和前面app.json、page.json的作用类似,可以写一个app.wxss作为全局样式,它将会作用于当前小程序的所有页面,而局部页面样式page.wxss仅对当前页面生效。

3. 样式导入

可以使用@import语句来导入外联样式表,其后面跟需要导入外联样式表的相对路径,并以分号结束。

例如,定义other页面的WXSS文件,在其中建立一个样式appText,然后在app.wxss中直接导入该样式,代码如下。

```
/** other.wxss **/
.appText{
  margin:10px;
}
/** app.wxss **/
@import "other.wxss";
.content_text:{
  margin:15px;
}
```

如前所述,此处的app.wxss是全局样式,它将会作用于每一个页面;某一个page下的WXSS文件只作用于当前页面,并会覆盖全局样式中的相同属性。

微信小程序WXSS样式的使用大部分都和CSS样式一致,如表3.12~表3.15所示。

表3.12 WXSS文本(text)的主要属性

序号	属性	说明	语法(属性值)
1	color	设置文本颜色	
2	direction	设置文本方向	ltr:从左到右。rtl:从右到左
3	letter-spacing	设置字符间距	
4	line-height	设置行高	
5	text-align	对齐元素中的文本	对齐方式有left、right、center、justify等
6	text-indent	缩进元素中文本的首行	
7	text-shadow	设置文本阴影	h-shadow、v-shadow、blur、color
8	vertical-align	设置元素的垂直对齐	
9	word-spacing	设置字间距	

表 3.13 WXSS 字体(font)的主要属性

序号	属性	说明	语法(属性值)
1	font-style	指定文本的字体样式	normal、italic、oblique 等
2	font-weight	指定字体的粗细	normal、bold、bolder、lighter 等
3	font-size	设置字体大小	smaller、larger、length(一个固定的值)等

表 3.14 WXSS 背景(background)的主要属性

序号	属性	说明	语法(属性值)
1	background-color	指定要使用的背景颜色	
2	background-position	指定背景图像的位置	center 等
3	background-size	指定背景图片的大小	如 background-size:80px 60px;
4	background-image	指定要使用的一个或多个背景图像	url('URL')、none 等

表 3.15 WXSS 显示(display)的主要属性

序号	属性	说明
1	flex	多栏多列布局
2	flex-direction	主轴方向(及项目的排列方向),包含水平方向 row、垂直方向 column 等
3	inline-block	行内块元素
4	inline-table	作为内联表格来显示(类似< table >),表格前后没有换行符
5	list-item	此元素会作为列表显示
6	table	会作为块级表格来显示(类似< table >),表格前后带有换行符
7	table-caption	作为一个表格标题显示(类似< caption >)
8	table-cell	作为一个表格单元格显示(类似< td >和< th >)
9	table-column	作为一个单元格列显示(类似< col >)
10	table-row	作为一个表格行显示(类似< tr >)
11	padding	内边距
12	margin	外边距

3.4 视图层和逻辑层的信息传递交互实现

一个小程序服务只有 WXML+WXSS 界面展示是不够的,还需要和用户交互,来响应用户的单击、获取用户的位置等。这里,通过编写 JS 脚本文件来举例说明视图层和逻辑层的信息传递交互逻辑的实现,如图 3.5 所示。

右击 pages,新建一个目录,命名为"demo1",如图 3.6 所示。

依次新建 3 个文件,分别命名为 demo1.wxml、demo1.wxss 和 demo1.js,如图 3.7 所示。

图 3.5 新建 demo1 页面

图 3.6 新建 demo1 页面的相关文件

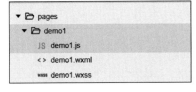
图 3.7 新建成功的 demo1 相关文件

双击 demo1.wxml 文件,输入以下代码。

```
<view>{{msg}}</view>
<button bindtap = "clickMe">单击我</button>
```

现在要实现的交互逻辑是,当用户单击"单击我"按钮的时候,将界面上 msg 变量的信息显示成"Hello World"。首先需要在 button 上声明一个属性 bindtap,在 JS 文件里声明 clickMe 方法来响应这次单击操作。

双击 demo1.js 文件,在其中输入以下代码。

```
Page({
  data: {
    msg:"WeChat"
  },
  clickMe: function () {
    this.setData({msg: "Hello World" })
  }
})
```

再打开 app.json 文件,在 pages 中增加:

"pages/demo1/demo1"

然后,自定义编译条件如图 3.8 所示。
让小程序首先从 demo1 启动,编译运行,界面如图 3.9 所示。
单击"单击我"按钮后,"WeChat"文字就变成了"Hello World",如图 3.10 所示。
在这个例子中,WXML 文件用于定义要显示的视图内容,变量 msg 在 JS 文件中定义并初始化为"WeChat",通过定义 button 的单击事件函数 clickMe,将 msg 的内容变更为"Hello World",并在 WXML 文件中显示。

图 3.8 自定义编译条件

图 3.9 初始运行界面

图 3.10 按钮单击后的界面

除了自定义触发函数外,还可以在 JS 中调用小程序提供的丰富的 API,利用这些 API 可以很方便地调用微信提供的能力,例如,获取用户信息、本地存储、微信支付等。第 2 章的例子程序图 2.10 中,在 pages/index/index.js 中就调用了 wx.getUserInfo 获取微信用户的头像和昵称,最后通过 setData 把获取到的信息显示到界面上,代码为:

```
wx.getUserInfo({
    success: res => {
      app.globalData.userInfo = res.userInfo
      this.setData({
        userInfo: res.userInfo,
        hasUserInfo: true
      })
    }
})
```

3.5 配置文件解析

当小程序开发工具运行后,出现如图 3.11 所示界面。其中,pages 规定了路由页面指定的页面模块,每个 pages 模块下面都包含 JS、WXML、WXSS、JSON 文件。图 3.11 中有两个页面,分别为 index 和 logs,就对应两组配置文件。utils 规定公用的方法,其中,小程序加载的时候必须以 app.js 作为入口开始运行,全局方法和变量可以放在里面。

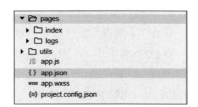

图 3.11 配置文件

3.5.1 app.json

app.json 文件必须要有，如果没有这个文件，IDE 会报错，因为微信框架把这个文件作为配置文件入口。当 IDE 报错的时候，只需新建这个文件，里面写个大括号，暂时不添加其他任何代码即可通过编译。在后续开发中，再根据项目需要继续完善该文件的配置。

如图 3.11 所示，app.json 为当前小程序的全局配置，包括小程序的所有页面路径、界面表现、网络超时时间、底部选项卡等。

打开 app.json 文件，其中代码如下。

```
{
  "pages": [
    "pages/index/index",
    "pages/logs/logs"
  ],
  "window": {
    "backgroundTextStyle": "light",
    "navigationBarBackgroundColor": "#fff",
    "navigationBarTitleText": "WeChat",
    "navigationBarTextStyle": "black"
  },
  "sitemapLocation": "sitemap.json"
}
```

这里的 pages 字段，用于描述当前小程序所有页面路径，用于让微信客户端知道当前小程序页面定义在哪个目录。window 字段，定义小程序所有页面的顶部背景颜色、文字颜色等。navigationBarBackgroundColor 用于指定导航栏背景色，如改为"#0f0"，则效果如图 3.12 所示。

图 3.12 导航栏背景色

3.5.2 project.config.json

project.config.json 文件为每个开发者在本地生成的一些配置。

3.5.3 app.wxss

app.wxss 文件用于配置一些公用的样式设置，例如：

```
.container {
  height: 100%;
  display: flex;
  flex-direction: column;
  align-items: center;
  justify-content: space-between;
  padding: 200rpx 0;
  box-sizing: border-box;
}
```

3.5.4　app.js

app.js 文件也必须要有，没有也会报错。但是这个文件创建一下就行，什么都不需要写，以后可以在这个文件中监听并处理小程序的生命周期函数、声明全局变量。

3.5.5　app.wxml

app.wxml 文件不是必须要有，它只是规定了全局页面视图文件。

3.6　小程序的启动

微信客户端在打开小程序之前，将其代码包下载到本地手机终端，然后通过 app.json 的 pages 字段获取当前小程序的所有页面路径，例如：

```
{
  "pages":[
    "pages/index/index",
    "pages/logs/logs"
  ]
}
```

上述代码配置说明在当前小程序项目中定义了两个页面，分别位于 pages/index/index 和 pages/logs/logs。其中，pages 字段的第一个页面就是这个小程序的首页，即打开小程序看到的第一个页面。根据该页面设置信息，微信客户端将首页代码装载进来，进而渲染出这个首页。

小程序启动之后，在 app.js 中定义的 App 实例的 onLaunch 回调会被执行：

```
App({
  onLaunch: function () {
    …
  }
})
```

整个小程序只有一个 App 实例，是全部页面共享的。

另外一个页面是 pages/logs/logs，它包含 4 个文件，如图 3.13 所示，分别为 logs.js、logs.json、logs.wxml、logs.wxss。

微信客户端会根据 logs.json 配置生成一个界面，顶部的颜色和文字都可以在这个 JSON 文件中定义好，其代码为：

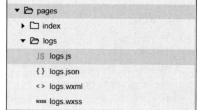

图 3.13　logs 页面包含的 4 个文件

```
{
  "navigationBarTitleText":"查看启动日志",
  "usingComponents": {}
}
```

紧接着，微信客户端就会装载这个页面的 WXML 结构和 WXSS 样式，其中，logs.wxml 的代码为：

```
<!-- logs.wxml -->
<view class = "container log-list">
  <block wx:for = "{{logs}}" wx:for-item = "log">
    <text class = "log-item">{{index + 1}}. {{log}}</text>
  </block>
</view>
```

logs.wxss 的代码为：

```
.log-list {
    display: flex;
    flex-direction: column;
    padding: 40rpx;
}
.log-item {
    margin: 10rpx;
}
```

最后客户端会装载 logs.js，可以看到 logs.js 的大体内容如下。

```
//logs.js
const util = require('../../utils/util.js')

Page({
  data: {
    logs: []
  },
  onLoad: function () {
    this.setData({
      logs: (wx.getStorageSync('logs') || []).map(log => {
        return util.formatTime(new Date(log))
      })
    })
  }
})
```

Page 是一个页面构造器，这个构造器就生成了一个页面。在生成页面的时候，小程序框架会把 data 数据和 index.wxml 一起渲染出最终的结构。在渲染完界面之后，页面实例就会收到一个 onLoad 的回调，可以在这个回调中处理程序逻辑。

3.7 事件绑定

事件是一种用户的行为，如长按某一种图片(识别二维码，或进行编辑处理等操作)是一个事件，单击某个按钮是另外一个事件，还有其他很多不同的事件。事件也是一种视图层到逻辑层的通信方式，如当用户单击按钮的时候，UI 层会把一些信息发送给程序中的逻辑代码；事件可以绑定在组件上，当触发事件发生时，就会执行逻辑层中对应的事件处理函数；事件对象可以携带额外信息，如 id、dataset、touches。

3.7.1 事件的类别

每个控件都有自己的事件,事件分为四种类型,如表 3.16 所示。

表 3.16 事件类型

序 号	事 件 类 型	详 细 信 息
1	单击事件 tap	
2	长按事件 longtab	
3	触摸事件 touch	touchstart 开始触摸
		touchend 结束触摸
		touchmove 移动触摸
		touchcancel 取消触摸
4	其他的触摸事件 submit	

3.7.2 事件的使用方式

首先需在组件中绑定一个事件处理函数,如以下代码:

< view id = "tapTest" data - hi = "WeChat" bindtap = "tapName"> Click me! </view>

该代码定义该 view 组件的 id 为"tapTest",自定义属性为 data-hi,绑定一个 bindtap 事件"tapName",当用户单击该组件的时候会在该页面对应的 Page 中找到相应的事件处理函数。

接下来,就需要在相应的 Page 定义中添加相应的事件处理函数,参数为 event。

```
tapName:function(event){
    console.log(event)
}
```

当单击"Click me!"时,在控制台显示出来的信息大致为:

```
{
  "type":"tap",
  "timeStamp":4117,
  "target": {
      "dataset": {
          "hi":"WeChat"
      }
      "id": "tapTest",
  },
  "currentTarget": {
    "dataset": {
        "hi":"WeChat"
      }
      "id": "tapTest",
  },
  "detail": {
      "x":48.79999542236328,
```

```
        "y":656.6000366210938
    },
    "touches":[{
        clientX: 49.60000228881836
        clientY: 491.20001220703125
        force: 1
        identifier: 0
        pageX: 49.60000228881836
        pageY: 657.6000366210938
    }],
    "changedTouches":[{
        clientX: 49.60000228881836
        clientY: 491.20001220703125
        force: 1
        identifier: 0
        pageX: 49.60000228881836
        pageY: 657.6000366210938
    }]
}
```

3.7.3 冒泡事件与非冒泡事件

事件分为冒泡事件和非冒泡事件。冒泡事件是指,当一个组件上的事件被触发后,该事件会向父节点传递;非冒泡事件是指,当一个组件上的事件被触发后,该事件不会向父节点传递。

这里举例说明什么是冒泡事件。

首先打开 index.wxss 文件,定义 3 个 view 组件的样式,在该 WXSS 文件中增加以下代码。

```
.view1{
  height:500rpx;
  width:100%;
  background-color:cyan
}
.view2{
  height:300rpx;
  width:80%;
  background-color:greenyellow
}
.view3{
  height:100rpx;
  width:60%;
  background-color:red
}
```

然后在启动界面 index.wxml 中,创建 3 个逐层嵌套的 view 组件,代码如下。

```
<view class="view1" bindtap="clickView1">
  HelloWorld1
  <view class="view2" bindtap="clickView2">
    HelloWorld2
```

```
        <view class = "view3" bindtap = "clickView3">
            HelloWorld3
        </view>
    </view>
</view>
```

再在 index.js 文件中定义单击事件处理函数,增加以下代码,在控制台输出对应的 log 信息。

```
clickView1:function(){
    console.log("您单击了view1")
},
clickView2: function () {
    console.log("您单击了view2")
},
clickView3: function () {
    console.log("您单击了view3")
},
```

以上代码完成以后,进行"编译",观看运行效果。可以发现,当单击 HelloWorld1 的时候,在控制台显示如图 3.14 所示信息。

图 3.14 单击 view1 时 console 输出的信息

当单击 HelloWorld2 的时候,在控制台显示如图 3.15 所示信息。
当单击 HelloWorld3 的时候,在控制台显示如图 3.16 所示信息。

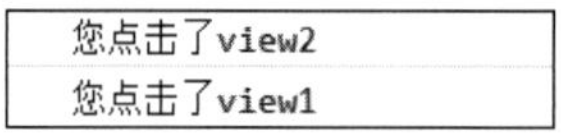

图 3.15 单击 view2 时 console 输出的信息

图 3.16 单击 view3 时 console 输出的信息

为什么会出现这种情况?首先来分析一下 index.wxml 文件中 3 个 view 组件的嵌套层次关系,如图 3.17 所示。第 1 个 view 组件(view1)是第 2 个 view 组件(view2)的父节点,第 2 个 view 组件(view2)又是第 3 个 view 组件(view3)的父节点。

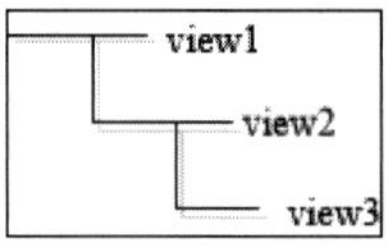

图 3.17 view 组件的层次关系

也就是说,当单击子 view 组件的时候,同时也触发了所有父 view 节点的事件,这种触发事件就称为冒泡事件;如果不触发父节点的事件,则即为非冒泡事件。

WXML 的冒泡事件主要如表 3.17 所示。

表 3.17　冒泡事件主要列表

序号	事件类型	触发条件
1	touchstart	手指触摸动作开始
2	touchmove	手指触摸后移动
3	touchcancel	手指触摸动作被打断,如来电提醒、弹窗等
4	touchend	手指触摸动作结束
5	tap	手指触摸后马上离开
6	longpress	手指触摸后,超过 350ms 再离开,如果指定了事件回调函数并触发了这个事件,tap 事件将不被触发
7	longtap	手指触摸后,超过 350ms 再离开

除表 3.17 中所列事件类型之外的其他组件自定义事件都是非冒泡事件,如< form >的 submit 事件,< input >的 input 事件,< scroll-view >的 scroll 等。

3.7.4　事件绑定和冒泡

事件绑定的写法同组件的属性,为 key 和 value 的形式。key 以 bind 或 catch 开头,然后跟上事件的类型,如 bindtap、catchtouchstart。value 是一个字符串,需要在对应的 Page 中定义同名的函数。

需要注意的一点是:bind 事件绑定不会阻止冒泡事件向上冒泡,但 catch 事件绑定可以阻止冒泡事件向上冒泡。

如将上例中 index.wxml 中组件的事件绑定由 bind 改为 catch,具体如下。

```
< view class = "view1" catchtap = "clickView1">
    HelloWorld1
    < view class = "view2" catchtap = "clickView2">
        HelloWorld2
        < view class = "view3" catchtap = "clickView3">
            HelloWorld3
        </view >
    </view >
</view >
```

则在运行界面中,依次单击 3 个 view 组件,尽管 tap 类型组件为冒泡组件,均不会触发父节点的事件,显示结果如图 3.18 所示。

图 3.18　catch 事件绑定的显示效果

下面在这个例子的基础上增加一点儿程序设计的逻辑,即如何让文字的背景及颜色随着单击事件进行变化。

首先,在 index.wxss 中添加两个样式,一个用于显示购物车信息的 view 组件,另一个用于 text 组件。

```
.cart{
  float: center;
  text-align: center;
  padding: 5rpx 20rpx;
}
.cart-text{
  font-style: normal;
  font-weight: bold;
  font-size: 30rpx;
  line-height: 50rpx;
}
```

然后打开 index.wxml 文件,添加如下代码。

```
<view class="cart" style="background-color:{{BgColor}}" bindtap='add2Cart'>
    <text class="cart-text" style="color:{{TextColor}}">{{add2Cart}}</text>
</view>
```

其中,view 组件中的 style="background-color:{{BgColor}}"用于定义背景颜色,其中的变量 BgColor 在 index.js 中的 data 里面定义,'add2Cart'为该 view 组件的事件触发函数;text 组件中的 style="color:{{TextColor}}"用于定义该组件显示的文字颜色,add2Cart 为 index.js 文件中 data 里面定义的变量。

以上几个 data 数据域中定义的变量的相应代码为:

```
//index.js
Page({
  data: {
    …
    BgColor: '#5cb85c',
    TextColor:"red",
    add2Cart: "添加至购物车",
  },
  …
})
```

接下来定义 view 组件单击触发的事件函数代码,如下。

```
add2Cart: function () {
    var bgColor;            //定义局部变量,用于存放 view 组件的背景色
    var textColor;          //定义局部变量,用于存放 text 组件的文本颜色
    var add2cart;           //定义局部变量,用于改变 text 组件的文本信息

    if(flag){               //此处的 flag 变量是一个 boolean 变量,用于改变显示信息
      bgColor = "blue";
      textColor = "gray";
```

```
      add2cart = "是否添加至购物车?";
      flag = false;
    }
    else{
      bgColor = "gray";
      textColor = "blue";
      add2cart = "已添加至购物车!";
      flag = true;
    }
    this.setData({            //将逻辑层的数据变化信息传送到视图层进行渲染显示
      BgColor: bgColor,
      TextColor: textColor,
      add2Cart: add2cart
    });
  },
```

关于上述代码中的 flag 变量的定义,如果放在 Page 中的 data 域来定义,编译就会报错,此时的一个处理方法,是将其放在 Page 的外面作为全局变量来定义,例如:

```
//index.js
//获取应用实例
const app = getApp()
var flag = true

Page({
  data: {
    …
```

则会通过系统编译,初始运行界面如图 3.19(a) 所示,初始背景色 BgColor 为 #5cb85c, TextColor 颜色为 red,显示文本变量 add2Cart 初始化为"添加至购物车";当第一次单击后,由于 flag 初始化为 true,因此执行 if-else 中的 if 分支,通过代码:

```
bgColor = "blue";
textColor = "gray";
add2cart = "是否添加至购物车?";
flag = false;
```

分别改变背景色、文本色、显示文本,以及 boolean 变量 flag 的信息,从 true 变为 false, 这样当再一次单击的时候,就会执行到 if-else 中的 else 分支,通过代码:

```
bgColor = "gray";
textColor = "blue";
add2cart = "已添加至购物车!";
flag = true;
```

再次改变显示信息以及 flag 变量的值,这样当下一次单击的时候,又会交替执行 if-else 中的 if 分支,如此不断变化下去。

最后部分的代码非常关键,它完成逻辑层与渲染层的交互,代码如下:

```
this.setData({
    BgColor: bgColor,
```

```
    TextColor: textColor,
    add2Cart: add2cart
});
```

通过更新 data 中的变量,将逻辑层的数据变化信息传送到视图层进行渲染显示,最终才会得到图 3.19 的显示效果。

图 3.19　不同执行阶段触发渲染的不同界面

思　考　题

1. WXML 与 WXSS 各自在前端页面开发中分别起什么作用？二者缺其一会怎么样？
2. 微信小程序主要目录和文件的作用分别是什么？
3. 请谈谈 WXML 与标准的 HTML 的异同。

第 4 章　微信小程序的组件

小程序给开发者提供了丰富的基础组件,使得开发者可以像搭积木一样,通过组合各种组件构建自己的小程序。如同使用 HTML 中的 div、p 等标签一样,在开发小程序时,只需用 WXML 写上对应的组件标签名字就可以把该组件显示在界面上。

为了让开发者方便快捷地调用微信提供的功能,例如获取用户信息、微信支付等,小程序提供了很多 API 供开发者使用。如当开发者想要获取用户的地理位置时,只需要调用 wx.getLocation 函数:

```
wx.getLocation({
  type: 'wgs84',
  success: (res) => {
    var latitude = res.latitude        // 经度
    var longitude = res.longitude      // 纬度
  }
})
```

当需要调用微信"扫一扫"功能时,只需要调用 wx.scanCode 函数:

```
wx.scanCode({
  success: (res) => {
    console.log(res)
  }
})
```

4.1　基础组件

组件是视图层的基本组成单元,小程序自带一些功能与微信风格相近的样式。一个组件通常包括开始标签和结束标签,属性用来修饰这个组件,内容在两个标签之内。

```
<tagname property = "value">
  contents here ...
</tagname>
```

4.1.1　view 组件

view 组件是小程序里面的基本组件,相当于 HTML 中的 div 标签。第 3 章中的代码多处反复用到 view 组件,其中又经常用到 view 组件的 class 属性,例如:

```
< view class = "container">
    < view class = "userinfo">
```

这里的 class 为组件 view 的属性,它是很多组件都具有的共同属性,如 text 组件也定义了 class 属性,该属性为对应 WXSS 文件中定义的样式类,可以在全局 app.wxss 中定义,也可以在该 index 页面的 index.wxss 中定义。

除了 class 属性外,还有其他几种属性,如表 4.1 所示。

表 4.1 view 组件的其他几种属性

属 性 名	类 型	默认值	说 明
hover-class	string	none	指定按下去的样式类,当 hover-class="none"时,没有单击效果
hover-stop-propagation	boolean		用于是否组织 hover-class 的冒泡行为
hover-start-time	number	50	按住后多久出现单击态(单位:ms)
hover-stay-time	number	400	手指松开后单击态保留时间(单位:ms)

4.1.2 scroll-view 组件(可滚动视图区域)

scroll-view 组件用于在页面中添加滚动效果,如横向滚动或竖直滚动,后跟属性如表 4.2 所示。

表 4.2 scroll-view 组件的属性

属 性 名	类 型	默认值	说 明
scroll-x	boolean	false	是否允许横向滚动
scroll-y	boolean	false	是否允许纵向滚动
scroll-top	number		设置竖向滚动条位置(页面刷新的时候,滚动条的初始位置)
scroll-left	number		设置横向滚动条位置(页面刷新的时候,滚动条的初始位置)
enable-back-to-top	boolean	false	iOS 单击顶部状态栏、安卓双击标题栏时,滚动条返回顶部,只支持竖向
upper-threshold	number	50	距顶部/左边多远时(单位:px),触发 scrolltoupper 事件,该属性可以和 bindscrolltoupper 配合使用
bindscrolltoupper	EventHandle		滚动到顶部/左边,会触发 scrolltoupper 事件
lower-threshold	number	50	距底部/右边多远时(单位:px),触发 scrolltolower 事件,该属性可以和 bindscrolltolower 配合使用
bindscrolltolower	EventHandle		滚动到底部/右边,会触发 scrolltolower 事件
bindscroll	EventHandle		滚动时触发

这里举个例子说明一下 scroll-view 组件的使用,示例代码如下。

(1) 在 index.wxml 中增加如下代码:

```
<!-- scroll - view -->
    < scroll - view class = "block" scroll - x = "true" >
```

```
        <view class = "block-item">block1</view>
        <view class = "block-item">block2</view>
        <view class = "block-item">block3</view>
    </scroll-view>
```

（2）在 index.wxss 中添加如下代码：

```
.block {
    width:100vw;
    height: 80rpx;
    white-space: nowrap;
    border: 1px solid blue;
    box-sizing: border-box;
}
.block-item {
    width: 45%;
    height:100%;
    border:1rpx solid red;
    box-sizing: border-box;
    display: inline-block;
    text-align: center;
    line-height: 70rpx;
}
```

其中的 text-align：center；line-height：70rpx；两条语句用于将文字在 block-item 中水平、垂直居中显示。

4.1.3 swiper 滑块视图容器（轮播）

swiper 元素用来表示一个滑动容器，常用来实现幻灯片轮播或者轮播图的效果，其中每一页幻灯片都是通过一个子元素 swiper-item 元素来表示，该组件的属性如表 4.3 所示。

表 4.3 swiper 组件的属性

属 性 名	类 型	默认值	说 明
indicator-dots	boolean	false	是否显示面板指示点
indicator-color	color	rgba(0,0,3)	指示点颜色
indicator-active-color	color	000000	当前选中的指示点颜色
autoplay	boolean	false	是否自动切换
current	number	0	当前所在页面的 index
interval	number	5000	自动切换时间间隔
duration	number	500	滑动动画时长
circular	boolean	false	是否采用衔接滑动
bindchange	EventHandle		Current 改变时会触发 change 事件

为了显示轮播效果，这里以某酒吧促销酒水商品为例，介绍 swiper 组件的使用。

第一步：在 pages 目录下新建一个 bars 目录，在 bars 目录中进一步新建 4 个文件，分别命名为 bars.js、bars.json、bars.wxml、bars.wxss，如图 4.1 所示。

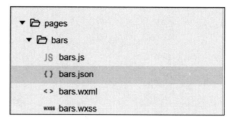

图 4.1 新建 bars 页面的 4 个文件

此时在调试栏会出现如图 4.2 所示的错误信息。

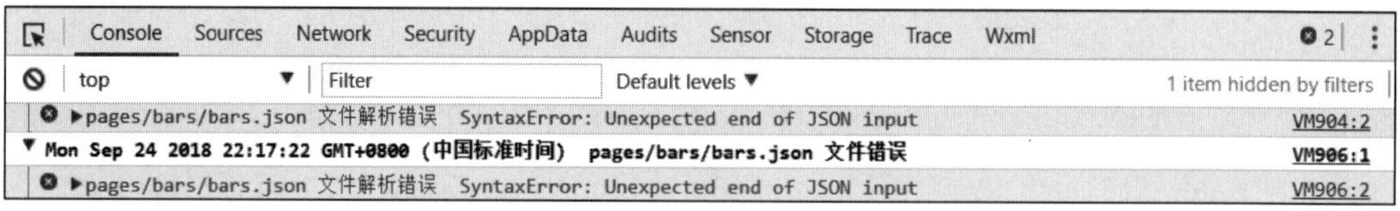

图 4.2 初始情况下 JSON 文件的解析错误

解决方法：在 bars.json 文件中暂时输入

```
{
}
```

保存，即可解决该错误提示信息存在的问题。

第二步：在 bars.wxml 文件中增加如下代码。

```
<view class = ''>
  <text>优惠促销</text>
  <swiper class = 'promotion - swiper' indicator - dots = '{{true}}'>
    <swiper - item class = 'promotion' wx:for = "{{promotionRecommendList}}">
      <image class = 'promotion - image' src = '{{item.imagePath}}'></image>
      <view class = 'promotion - details'>
        <text>第{{index + 1}}款：{{item.name}}</text>
        <text>{{item.price}}</text>
        <text wx:if = "{{!item.isHighlyRecommended}}"
              style = "font - size:16px;color:red;">强烈推荐</text>
      </view>
    </swiper - item>
  </swiper>
</view>
```

然后编译运行，在调试器中出现如图 4.3 所示的错误提示信息。

图 4.3 页面配置文件缺失错误提示信息

解决方法：在 app.json 文件中补充如下代码。

```
"pages":[
    "pages/index/index",
    "pages/logs/logs",
    "pages/bars/bars"
],
```

再次编译、运行，显示效果如图 4.4 所示。

为了改变这种紧凑的块状结构，将其变成从上而下均匀分布的一种方式来布局，可以将要显示的元素都放在一个 view 元素中进行显示，并引用全局的 container 效果，去掉其中的 <view class='promotion-details'>，恢复为从上而下放置。

将原代码调整为：

```
<view class = ''>
  <text align-items = 'center'>优惠促销</text>
  <swiper class = 'promotion-swiper' indicator-dots = '{{true}}'>
    <swiper-item class = 'promotion' wx:for = "{{promotionRecommendList}}">
      <view class = 'container'>
        <image class = 'promotion-image' src = '{{item.imagePath}}'></image>
            <text>第{{index + 1}}款：{{item.name}}</text>
        <text>{{item.price}}</text>
        <text wx:if = "{{!item.isHighlyRecommended}}"
              style = "font-size:16px;color:red;">强烈推荐</text>
      </view>
    </swiper-item>
  </swiper>
</view>
```

展示的演变效果如图 4.5 所示。

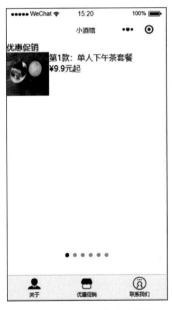

图 4.4　swiper 组件轮播效果

图 4.5　改进后的轮播效果

在全局 app.wxss 的 container 中,将高度设置为视口高度的 100%:

```
.container{
  background-color: #eee;
  height:100vh;

  display: flex;
  flex-direction: column;
  justify-content: space-around;
  align-items: center;
}
```

而在 bars.wxss 的 promotion-swiper 中设置高度为视口高度的 90%:

```
.promotion-swiper{
  height:90vh;
}
```

因此 view 会超过 swiper 元素的高度,需要对 view 元素的高度进行重新设置。在 promotion.wxss 中新增:

```
.promotion-card{
  height:100%;
  width:100%
}
```

并修改 bars.wxml 中的部分代码为:

```
<view class='container promotion-card'>
    <image class='promotion-image' src='{{item.imagePath}}'></image>
    <text>第{{index+1}}款: {{item.name}}</text>
    <text>{{item.price}}</text>
    <text wx:if="{{!item.isHighlyRecommended}}" style="font-size:16px;color:red;">
        强烈推荐</text>
</view>
```

修改后实现的效果如图 4.6 所示。

这样就初步实现了一个幻灯片的效果。

如果希望幻灯片的前一页和后一页都露出来一部分,以方便引起用户触摸交互,可通过设置 swiper 元素的 previous-margin 和 next-margin 来实现。将 swiper 元素调整为:

```
<swiper class='promotion-swiper' indicator-dots='{{true}}' previous-margin="100rpx"
        next-margin="100rpx">
```

将 promotion-card 调整为文字之间有间隔:

```
.promotion-card{
  height:100%;
  width:100%;
  margin: 0 20rpx
}
```

展示效果如图 4.7 所示,两个相邻幻灯片内容之间的间隔就保持了一个 20px 的设置。

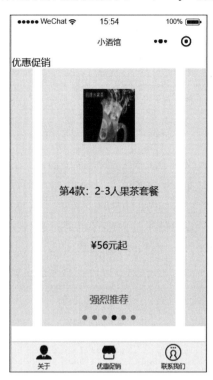

图 4.6　swiper 组件实现轮播幻灯片效果　　图 4.7　swiper 组件显示前后页轮播效果

4.1.4　基础内容 icon 组件

在使用 icon 组件的时候,通过使用 icon 标签,配合 type 属性与 size 属性一起使用,该组件的常用属性如表 4.4 所示。

表 4.4　icon 组件的属性

属性名	类　　型	默认值	说　　　　明
type	string		icon 的类型,有效值：success、success_no_circle、info、warn、waiting、cancel、download、search、clear
size	number	23	icon 的大小,单位：px
color	color		icon 的颜色,同 CSS 的 color

首先在 WXML 文件中输入如下代码。

```
< icon type = "success" size = "40"/> <!-- 成功图标 -->
< icon type = "safe_success" size = "40"/> <!-- 安全成功标志图标 -->
< icon type = "info" size = "40"/><!-- 提示信息图标 -->
< icon type = "info_circle" size = "40"/><!-- 带圆的信息提示图标 -->
< icon type = "success_no_circle" size = "40"/><!-- 不带圆的成功图标 -->
< icon type = "success_circle" size = "40"/><!-- 带圆的成功图标 -->
< icon type = "warn" size = "40"/><!-- 警告图标 -->
< icon type = "waiting_circle" size = "40"/><!-- 带圆的等待图标 -->
```

```
<icon type = "waiting" size = "40"/><!-- 等待图标 -->
<icon type = "download" size = "40"/><!-- 下载图标 -->
<icon type = "cancel" size = "40"/><!-- 取消图标 -->
<icon type = "clear" size = "40"/><!-- 清除图标 -->
<icon type = "success" size = "40" color = "red"/>
<!-- 改变颜色的 success -->
```

上述代码运行后的显示效果如图4.8所示。

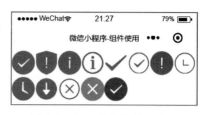

图4.8　icon组件的显示效果

4.1.5　基础内容text组件

text文本就是微信小程序中显示出来的文本,该组件具有如下3个特点。
(1) 支持转义符"\"。
(2) <text/>组件内只支持<text/>嵌套,中间不能嵌套其他任何组件。
(3) 该组件中的内容可以通过长按进行选中,其他组件中的内容都不支持长按选中。
text文本组件的主要属性如表4.5所示。

表4.5　text组件的属性

属性名	类型	默认值	说明
selectable	boolean	false	文本是否可选
space	string	false	显示连续空格
decode	boolean	false	是否解码

其中,space的有效值如表4.6所示。

表4.6　space属性的有效值

值	说明
ensp	中文字符空格一半大小
emsp	中文字符空格大小
nbsp	根据字体设置的空格大小

下面给出几段示例代码。

示例代码一:

(1) 在测试页面的WXML中输入以下代码。

```
<view class = 'btn'>
    <text>text组件应用示例</text>
    <text>text组件的嵌套使用
        <text style = "color:blue">嵌套文本示例</text>
    </text>
    <text style = "color:red">{{text}}</text>
</view>
```

(2) 在bars.wxss中定义btn的样式。

```
.btn{
    margin-top:30px;
```

```
    display:flex;
    flex-direction:column;
    justify-content:space-around;
    align-items: center;
    margin-left: 20px;
    margin-right: 20px;
}
```

在 bar.js 中的 Page 中定义变量 text。

```
Page({
  data: {
    text:"此文本在 js 中定义,在视图层予以渲染"
  },
```

以上代码实现了 text 组件的文本嵌套使用,以及逻辑层与渲染层的交互,视图层的渲染效果如图 4.9 所示。

示例代码二：

在 WXML 文件中输入以下代码,运行结果如图 4.10 所示。

```
<view>
    <text class="btn" selectable="true">此文本可供选择</text>
</view>
<view>
    <text class="btn" selectable="false">此文本不可选择</text>
</view>
```

图 4.9　text 组件的使用示例(一)　　图 4.10　text 组件的使用示例(二)

示例代码三：

```
<text class="btn">
    &apos;微信小程序 &apos; &lt;&gt; &apos;App&apos;
</text>
```

上述代码的运行结果如图 4.11 所示。

可以发现,形如 &apos、 、&lt 等标记由于 decode 置为默认值 false,故没有对它们进行解析,仍按原字符字样显示。

现在对以上代码进行改造,在<text>组件中增加属性赋值：

```
<text class="btn" decode="true">
```

更新后的显示渲染结果如图 4.12 所示。

'微信小程序' <> 'App'

图 4.11　decode 属性取默认值时的渲染效果

'微信小程序'　<>　'App'

图 4.12　decode 属性取 true 时的渲染效果

这是因为 text 组件当 decode="true"时,将对以上符号进行解析。decode 可以解析的有: (空格),&lt(小于),&gt(大于),&amp(&),&apos('), (空格), (空格)。因此,以上代码中的特殊符号就被解析成如图 4.12 所示结果。

4.1.6　基础内容 progress 进度条

进度条是交互式程序设计中开发者需要考虑的人工界面重要元素,进度条组件 progress 的属性如表 4.7 所示。

表 4.7　progress 组件的属性

属 性 名	类 型	默认值	说　　明
percent	float	无	百分比 0~100
show-info	boolean	false	在进度条右侧显示百分比
stroke-width	number	6	进度条线的宽度,单位:px
color	color	#09BB07	进度条颜色
activeColor	color		已选择的进度条的颜色
backgroundColor	color		未选择的进度条的颜色
active	boolean	false	进度条从左往右的动画
active-mode	string	backwards	backwards:动画从头播。forwards:动画从上次结束点接着播

示例:首先在 WXML 文件中添加如下代码。

```
<text>show-info 在进度条右侧显示百分比</text>
  <progress percent="60" show-info />
<text>stroke-width 进度条线的宽度,单位 px</text>
  <progress percent="60" stroke-width="13" show-info />
<text>color 进度条颜色</text>
  <progress percent="60" color="blue" show-info />
<text>active 进度条从左往右的动画</text>
  <progress percent="60" active show-info />
<text>backgroundColor 未选择的进度条的颜色</text>
  <progress percent="60" backgroundColor="green" active show-info />
```

这里没有使用到 text 组件的 class 属性,因此无须再定义 WXSS 中的样式,其渲染效果如图 4.13 所示。

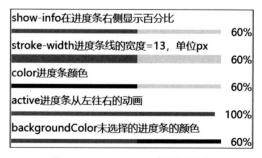

图 4.13　progress 组件测试效果

4.1.7 表单组件之按钮组件 button

button 按钮作为交互式程序设计中的常用组件,在开发过程中经常会被用到,其主要属性如表 4.8 所示。

表 4.8 button 组件的主要属性

属性名	类 型	默认值	说 明
size	string	default	按钮的大小
type	string	default	按钮的样式类型
plain	boolean	false	按钮是否镂空,背景色透明
disabled	boolean	false	是否禁用
loading	boolean	false	名称前是否带 loading 图标
form-type	string		用于 form 组件,单击分别会触发 form 组件的 submit/reset 事件
open-type	string		微信开放能力
hover-class	string	button-hover	指定按钮按下去的样式类。当 hover-class="none"时,没有单击态效果

表 4.8 中属性 size 的有效值如表 4.9 所示。

表 4.9 button 组件 size 属性的有效值

值	说 明
default	按钮的大小按"缺省"取默认值
mini	按钮的大小按"小尺寸"取值

type 属性的有效值如表 4.10 所示。

表 4.10 button 组件 type 属性的有效值

值	说 明
primary	绿色
default	白色
warn	红色

form-type 属性的有效值如表 4.11 所示。

表 4.11 button 组件 form-type 属性的有效值

值	说 明
submit	提交表单
reset	重置表单

下面介绍 button 组件的用法。
(1) 先来看一段代码,首先在 WXML 文件中添加如下代码。

```
<view class = "btn">
```

```
        <button type = "default" size = "mini" bindtap = 'btn_default'>default 类型按钮</button>
    </view>
    <view class = "btn">
        <button type = "primary" size = "mini" bindtap = 'btn_primary'>primary 类型按钮</button>
    </view>
    <view class = "btn">
        <button type = "warn" size = "mini" bindtap = 'btn_warn'>warn 类型按钮</button>
    </view>
    <view class = "btn">
      <text>提示信息：{{text}}</text>
    </view>
```

（2）然后在相应的 WXSS 文件中新建以上代码用到的 btn 样式。

```
.btn{
  margin - top:30px;
  display:flex;
  flex - direction:column;
  justify - content:space - around;
  align - items: center;
  margin - left: 20px;
  margin - right: 20px;
}
```

（3）在相应 JS 文件中添加如下代码。

```
Page({
  data: {
    text:""
  },
  btn_default: function () {
    this.setData({ text: '您单击了 default 按钮' })
  },
  btn_primary: function () {
    this.setData({ text: '您单击了 primary 按钮' })
  },
  btn_warn: function () {
    this.setData({ text: '您单击了 warn 按钮' })
  }
})
```

图 4.14　button 按钮组件测试

其中，变量 text 用于在视图层与逻辑层之间传递数据与渲染，btn_default、btn_primary、btn_warn 为对应按钮当被单击时分别触发的事件响应函数，通过 this.setData 函数将要显示的文本信息在视图层的 text 组件中渲染出来，如图 4.14 所示。当单击不同的按钮类型的时候，text 组件显示的提示信息也会不同。

除了直接使用小程序提供的 button 组件定义的几种类型之外，还可以通过 open-type 对按钮进行类型自定义，如按钮的大小、按钮的图片背景等。

(1) 在 WXML 文件中添加如下代码，采用属性 open-type 对按钮的样式自定义，plain 表示按钮镂空、背景色透明，并在该按钮上放置一幅图像(图像文件存放在项目根目录下的 images 文件夹中)。

```
< view class = "btn1">
   < button open - type = "openSets" bindtap = "btnCoffee" plain = "{{plain}}">
      < image src = '/images/coffee1.png'></image>
   </button>
    < text >提示信息：{{text}}</text>
</view>
```

(2) 在 WXSS 文件中定义上述代码中需要用到的样式。

```
.btn1{
  height:150rpx;
  display:flex;
  flex - direction: column;
}
.btn1 button{
  width:100rpx;
  height:100rpx;
  border:none;
  padding:0;
}

.btn1 image{
  width:100rpx;
  height:100rpx;
}
```

(3) 再在 JS 文件中添加按钮被单击时触发的事件处理函数。

```
btnCoffee: function () {
    this.setData({ text: '这是一杯拿铁咖啡' })
  },
```

显示效果如图 4.15 所示。

图 4.15　按钮的自定义设置

4.1.8　表单组件之单选框 radio

微信小程序中的表单组件单选框 radio 通常和单项选择器 radio-group 配合一起使用，内部由多个 radio 组件构成。radio 组件的属性如表 4.12 所示。

表 4.12 radio 组件的属性

属性名	类型	默认值	说明
value	string		<radio/>标识。当该<radio/>选中时,<radio-group/>的 change 事件会携带<radio/>的 value
checked	boolean	false	当前是否选中
disabled	boolean	false	是否禁用
color	color		radio 的颜色,同 CSS 的 color

单项选择器 radio-group 的属性如表 4.13 所示。

表 4.13 radio-group 组件的属性

属性名	类型	默认值	说明
bindchange	EventHandle		<radio-group/>中的选中项发生变化时触发 change 事件,event.detail={value:选中项 radio 的 value}

下面先来看一段代码。

(1) WXML 中的代码:

```
<view class = "btn">
   <text>最值得推荐</text>
</view>
<radio - group class = "radio - group" bindchange = "radioChange">
   <label class = "radio" wx:for = "{{items}}">
      <view>
         <radio value = "{{item.name}}" checked = "{{item.checked}}"/>{{item.value}}
      </view>
   </label>
</radio - group>
```

(2) JS 中的代码。

```
Page({
  data: {
    items: [
      { name: 'single', value: '单人下午茶套餐'},
      { name: 'double', value: '双人下午茶套餐'},
      { name: 'two2three', value: '2 - 3 人果茶套餐'},
      { name: 'waiting', value: '等你饮酒套餐', checked: 'true'},
      { name: 'doublefruit', value: '双人果酒套餐'},
      { name: 'party', value: '欢乐生日趴'},
    ]
  },
  radioChange: function (e) {
    console.log('radio 发生单击事件,携带 value 值为: ', e.detail.value)
  }
})
```

渲染结果如图 4.16 所示。

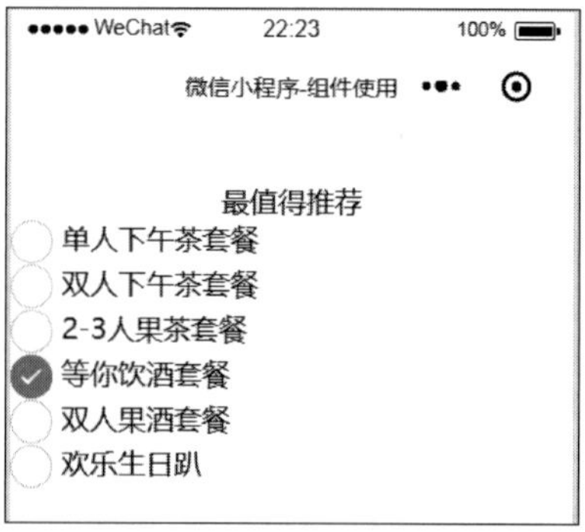

图 4.16 radio 组件的使用测试

调试器输出结果如图4.17所示。

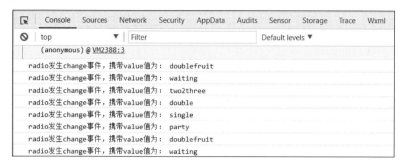

图4.17 radio组件测试调试器输出结果

4.1.9 表单组件之复选框checkbox

微信小程序中的表单组件多选项目checkbox通常和多项选择器checkbox-group配合一起使用,内部由多个checkbox组件构成。checkbox组件的属性如表4.14所示。

表4.14 checkbox组件的属性

属性名	类　　型	默认值	说　　　明
value	string		checkbox标识,选中时触发checkbox-group的change事件,并携带checkbox的value
checked	boolean	false	当前是否选中,可用来设置默认选中
disabled	boolean	false	是否禁用
color	string	♯09BB07	checkbox的颜色,同CSS的color

多项选择器checkbox-group的属性如表4.15所示。

表4.15 checkbox-group组件的属性

属性名	类　　型	默认值	说　　　明
bindchange	EventHandle		<checkbox-group/>中的选中项发生变化时触发change事件,event.detail={value:[选中项的checkbox的value的数组]}

下面以示例代码介绍这两个组件的使用方式。
(1) 在WXML文件中添加如下代码。

```
< view class = "btn">
  < text >值得推荐</text >
</view>
< checkbox - group bindchange = "checkboxChange">
    < label class = "checkbox" wx:for = "{{items}}">
      < view >
        < checkbox value = "{{item.name}}"
            checked = "{{item.checked}}">{{item.value}}</checkbox >
      </view >
    </label >
</checkbox - group >
```

（2）在 JS 文件中添加如下代码。

```
Page({
  data: {
items: [
    { name: 'single', value: '单人下午茶套餐' },
    { name: 'double', value: '双人下午茶套餐' },
    { name: 'two2three', value: '2-3人果茶套餐' },
    { name: 'waiting', value: '等你饮酒套餐', checked: 'true' },
    { name: 'doublefruit', value: '双人果酒套餐' },
    { name: 'party', value: '欢乐生日趴' },
    ]
  },

  checkboxChange: function (e) {
    console.log('checkbox 发生单击事件,携带 value 值
为: ', e.detail.value)
  }
})
```

渲染效果如图 4.18 所示。

当勾选相应选项时，通过调用 checkboxChange 函数，在 Console 中输出内容如图 4.19 所示。

图 4.18　checkbox 组件的使用测试

图 4.19　checkbox 组件测试调试器输出结果

4.1.10　表单组件 label

label 标签用来改进表单组件的可用性，其可用属性只有一个，如表 4.16 所示。

表 4.16　label 组件的属性

属性名	类型	默认值	说明
for	string		绑定控件的 id

通过使用 label 组件的 for 属性找到对应的 id，或者将某一其他控件放在该标签下，当被单击到时，就会触发对应的控件。当用户选择该标签时，浏览器就会自动将焦点转到和标签相关的表达控件上。目前可以绑定的其他控件有：button、checkbox、radio、switch。

如前面例子中的

```
<label class = "radio" wx:for = "{{items}}">
  <view>
    <radio value = "{{item.name}}" checked = "{{item.checked}}"/>{{item.value}}
  </view>
```

</label>

以及

```
< label class = "checkbox" wx:for = "{{items}}">
< view >
        < checkbox value = "{{item.name}}"
            checked = "{{item.checked}}">{{item.value}}</checkbox>
</view>
</label>
```

这两段代码分别将一个 radio 控件和一个 checkbox 控件与 label 标签绑定在一起。

再比如,在 WXML 中添加如下代码。

```
< label >
    < button bindtap = 'clickBtn' hidden>我是 button </button>
    < view >商品列表:</view>
    < checkbox - group bindchange = "checkboxChange">
        < checkbox value = "香槟">香槟</checkbox>
        < checkbox value = "红酒">红酒</checkbox>
    </checkbox - group >
    
    < radio - group bindchange = "radioChange">
        < radio value = "Budweiser">百威新锐</radio>
        < radio value = "Heineken">喜力</radio>
        < radio value = "Tsingtao">青岛纯生罐</radio>
    </radio - group >
</label>
```

在 JS 中添加如下代码。

```
clickBtn:function(){
    console.log("您单击了 Button 组件")
},
checkboxChange:function(){
    console.log("您单击了 Checkbox 组件")
},
radioChange:function(){
    console.log("您单击了 Radio 组件")
}
```

WXML 中添加的这段代码,在 label 中绑定了 button 组件、checkbox 组件及 radio 组件,渲染结果如图 4.20 所示。

当用户单击 label 组件中的内容时,在调试器窗口显示如图 4.21 所示的信息。即 label 组件内有多个组件时,会触发第一个组件。上例代码中,label 标签绑定的第一个控件是 button,如果用户既非单击 checkbox 控件的内容,也非 radio 控件的内容,而是 label 标签有效区域的其他部分,则在 console 中输出的信息显示触发的是第一个控件 button。

图 4.20　label 组件的使用测试

图 4.21　label 组件测试调试器输出结果

4.1.11　switch 开关组件

switch 开关选择器组件的应用十分广泛,它有两个状态:开或关。在很多场景中都会用到开关这个功能,如图 4.22 中显示的是微信设置里的"新消息通知"界面,通过开关来设置是否接收新消息通知、语音和视频通话提醒、通知显示消息详情等功能。

图 4.22　微信中"新消息通知"界面中的
　　　　 switch 组件的使用

该组件的属性如表 4.17 所示。

表 4.17 switch 组件的属性

属性名	类型	默认值	说明
checked	boolean	false	是否选中
disabled	boolean	false	是否禁用
type	string	switch	样式，有效值：switch，checkbox
bindchange	EventHandle		checked 改变时触发 change 事件，event.detail={value}
color	string	#04BE02	switch 的颜色，同 CSS 的 color

接下来，通过编写相应代码来实现 switch 组件的应用。

首先新建一个 switch 页面，系统自动生成 switch.wxml、switch.wxss、switch.js、switch.json 四个文件。

(1) 在 switch.wxml 中输入以下代码。

```
<view class = "swt">
    <text>飞行模式:{{isChecked1}}</text>
    <switch checked = "{{isChecked1}}" bindchange = "changeSwitch1"/>
</view>
<view class = "swt">
    <text>无线局域网:{{isChecked2}}</text>
    <switch checked = "{{isChecked2}}" bindchange = "changeSwitch2"/>
</view>
<view class = "swt">
    <text>蜂窝移动数据:{{isChecked3}}</text>
    <switch checked = "{{isChecked3}}" bindchange = "changeSwitch3"/>
</view>
```

(2) 在 switch.wxss 中新建一个 swt 样式。

```
.swt{
    display: flex;
    flex-direction: row;
    justify-content: space-between;
    align-items: center;
}
```

(3) 在 switch.js 中输入以下代码。

```
var pageObj = {
    data: {
        isChecked1: false,
        isChecked2: true,
        isChecked3: true,
    }
};
for (var i = 0; i < 4; ++i) {
```

```
    (function (i) {
      pageObj['changeSwitch' + i] = function (e) {
        var changedData = {};
        changedData['isChecked' + i] = !this.data['isChecked' + i];
        this.setData(changedData);
      }
    })(i)
  }
  Page(pageObj);
```

以上代码添加完毕后,设置"自定义编译条件"中的启动页面为 switch,如图 4.23 所示。

图 4.23　设置 switch 为启动页面

再进行编译,出现的显示结果如图 4.24 所示。

其中,"飞行模式"对应开关变量 isChecked1,初始化为 false;"无线局域网"对应开关变量 isChecked2,初始化为 true;"蜂窝移动数据"对应开关变量 isChecked3,初始化为 true。当依次单击三个开关组件改变它们的状态时,这三个变量的值也对应发生的变化,如图 4.25 所示。

图 4.24　switch 组件测试效果

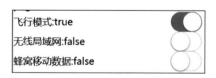

图 4.25　改变 switch 组件的开关状态测试效果

图 4.24 和图 4.25 中的 switch 组件的大小与前面的文字输出相比略显大了,如果能缩小该 switch 组件的大小,显示效果就会好一点儿。那么,如何实现呢?只需要在样式中增加属性 zoom 即可。这里在 switch.wxss 中增加一个样式:

```
.swt1{
  zoom:.7;
}
```

然后在 switch.wxml 中稍做调整：

```
< switch class = " swt1" checked = "{{isChecked1}}"
bindchange = "changeSwitch1"/>
```

其他两个开关组件也做如此处理，改变后显示的效果如图 4.26 所示。

图 4.26 改变 switch 组件大小的开关状态测试效果

4.1.12 选择器 picker

在小程序的开发应用中经常会用到 picker 组件，picker 选择器分为 5 种：普通选择器、多列选择器、时间选择器、日期选择器、省市区选择器，默认是普通选择器，可以用 mode 属性区分。该组件的属性如表 4.18 所示。

表 4.18 选择器 picker 组件的属性

属 性 名	类 型	默 认 值	说 明
mode	string	selector	选择器类型
disabled	boolean	false	是否禁用
bindcancel	EventHandle		取消选择时触发

其中，mode 属性的合法取值见表 4.19。

表 4.19 picker 组件的 mode 属性的合法值

属 性 名	说 明
selector	普通选择器
multiSelector	多列选择器
time	时间选择器
date	日期选择器
region	省市区选择器

当 mode＝selector 时的普通选择器的属性如表 4.20 所示。

表 4.20 普通选择器的 picker 属性

属性名	类 型	默认值	说 明
range	array/object array	[]	mode 为 selector 或 multiSelector 时，range 有效
range-key	string	false	当 range 是一个 Object Array 时，通过 range-key 来指定 Object 中 key 的值作为选择器显示内容
value	number	0	表示选择了 range 中的第几个(下标从 0 开始)
bindchange	EventHandle		value 改变时触发 change 事件，event.detail＝{value}

当 mode=multiSelector 时的多列选择器的属性如表 4.21 所示。

表 4.21 多列选择器的 picker 属性

属 性 名	类 型	默认值	说 明
range	array/Object Array	[]	mode 为 selector 或 multiSelector 时,range 有效
range-key	string	false	当 range 是一个 Object Array 时,通过 range-key 来指定 Object 中 key 的值作为选择器显示内容
value	number	0	表示选择了 range 中的第几个(下标从 0 开始)
bindchange	EventHandle		value 改变时触发 change 事件,event. detail = {value}
bindcolumnchange	EventHandle		列改变时触发

当 mode=time 时的时间选择器的属性如表 4.22 所示。

表 4.22 时间选择器的 picker 属性

属 性 名	类 型	默认值	说 明
value	string		表示选中的时间,格式为"hh:mm"
start	string		表示有效时间范围的开始,字符串格式为"hh:mm"
end	string		表示有效时间范围的结束,字符串格式为"hh:mm"
bindchange	EventHandle		value 改变时触发 change 事件,event. detail = {value}

当 mode=date 时的日期选择器的属性如表 4.23 所示。

表 4.23 日期选择器的 picker 属性

属 性 名	类 型	默认值	说 明
value	string	0	表示选中的日期,格式为"YYYY-MM-DD"
start	string		表示有效日期范围的开始,字符串格式为"YYYY-MM-DD"
end	string		表示有效日期范围的结束,字符串格式为"YYYY-MM-DD"
fields	string	day	有效值:year、month、day。表示选择器的粒度
bindchange	EventHandle		value 改变时触发 change 事件,event. detail = {value}

当 mode=region 时的省市区选择器的属性如表 4.24 所示。

表 4.24 省市区选择器的 picker 属性

属 性 名	类 型	默认值	说 明
value	array	[]	表示选中的省市区,默认选中每一列的第一个值
custom-item	string		可为每一列的顶部添加一个自定义的项
bindchange	EventHandle		value 改变时触发 change 事件,event. detail = {value,code,postcode},其中,字段 code 是统计用区划代码,postcode 是邮政编码

现在我们的任务是需要实现一个连锁商务酒店的房间预订简单页面,渲染效果如图 4.27 所示。

其中,"房间类型"设置为普通选择器,"所在区域"设置为省市区选择器,"请选择入住日期""请选择离店日期"均设置为 date 选择器。

首先新建一个 picker 目录,然后依次新建 picker.wxml、picker.wxss、picker.js、picker.json 四个文件。在 WXML 中添加如下代码。

图 4.27 房间预订的 picker 组件测试效果

```
< form bindsubmit = "hotelRoomSubmit">
  <!-- 房间类型 -->
  < view class = 'room flexrb'>
    < view class = 'rmText'>房间类型</view>
    < view class = "section flexrbp">
      < picker bindchange = "rmTypeChange" value = "{{rmTypeID}}"
                                    range = "{{rmType}}">
        < view class = "picker">
          {{rmType[rmTypeID]}}
        </view>
      </picker>
    </view>
    < input style = 'display:none;' name = "rmType"
                       value = "{{rmType[rmTypeID]}}"></input>
  </view>

  <!-- 所在地区 -->
  < view class = 'room flexrb'>
    < view class = 'rmText'>所在区域</view>
    < view class = "section flexrbp">
      < picker mode = "region" bindchange = "rmAreaChange" value = "{{region}}"
                       custom - item = "{{customItem}}">
        < view class = "picker">
          {{region[1]}} - {{region[2]}}
        </view>
      </picker>
    </view>
    < input style = 'display:none;' name = 'rmArea'
value = '{{region[1]}} - {{region[2]}}'></input>
  </view>

  < view class = "room flexrb">
    < view class = "rmText">请选择入住日期</view>
    < picker mode = "date" value = "{{date}}" bindchange = "rmCheckinChangeDate">
      < view class = "picker">
        {{dateCheckin}}
      </view>
    </picker>
  </view>
```

```
<view class = "room flexrb">
  <view class = "rmText">请选择离店日期</view>
  <picker mode = "date" value = "{{date}}" bindchange = "rmCheckoutChangeDate">
    <view class = "picker">
      {{dateCheckout}}
    </view>
  </picker>
</view>
</form>
```

然后定义样式文件 picker.wxss。

```
page {
  background: rgba(247, 247, 247, 1);
}

.room {
  margin: 20rpx auto;
  width: 702rpx;
  height: 88rpx;
  background: rgba(255, 255, 255, 1);
  border-radius: 20rpx;
  justify-content: space-between;
  box-shadow: 12rpx 0px 21rpx rgba(153, 153, 153, 0.2);
}

.rmText {
  margin-left: 25rpx;
  font-size: 30rpx;
  color: rgba(51, 51, 51, 1);
}

.picker {
  font-size: 30rpx;
  margin-right: 10rpx;
  color: rgba(253, 130, 48, 1);
}

input {
  text-align: right;
  margin-right: 25rpx;
  width: 300rpx;
  font-size: 30rpx;
  color: rgba(253, 130, 48, 1);
}

.flexrb {
  display: flex;
  align-items: center;
}
```

```css
.flexrbp {
  display: flex;
  justify-content: center;
  align-items: center;
}
```

最后在 picker.js 文件中添加如下代码。

```js
var date = new Date();
var Y = date.getFullYear();
var M = (date.getMonth() + 1 < 10 ? '0' + (date.getMonth() + 1) : date.getMonth() + 1);
var D = date.getDate() < 10 ? '0' + date.getDate() : date.getDate();
var currentDate = Y + "-" + M + "-" + D;
Page({
  data: {
    rmType: ["商务大床房","普通大床房","标准间","单人间","家庭房"],
    rmTypeID: 0,
    region: ['重庆市', '重庆市', '永川区'],
    dateCheckin: currentDate,
    dateCheckout: currentDate
  },

  rmTypeChange: function (e) {
    console.log('房间类型', e.detail.value)
    this.setData({
      rmTypeID: e.detail.value          //把当前的触摸的索引给 rmTypeID
    })
  },

  rmAreaChange: function (e) {
    console.log('所在地区选择', e.detail.value)
    this.setData({
      region: e.detail.value
    })
  },

  rmCheckinChangeDate:function(e){
    console.log('入住日期选择', e.detail.value)
    this.setData({
      dateCheckin: e.detail.value
    })
  },

  rmCheckoutChangeDate: function (e) {
    console.log('离店日期选择', e.detail.value)
    this.setData({
      dateCheckout: e.detail.value
    })
  },

  hotelRoomSubmit(e) {
```

```
            console.log('form =>',e)
            let val = e.detail.value
            console.log('form',val)
        },
    })
```

上述代码中，变量 Y、M、D 分别用于存放当前日期的年、月、日，再通过语句 currentDate＝Y＋"-"＋M＋"-"＋D；将年、月、日表示成"year-mm-dd"的形式；rmType 用于初始化可供选择的"房间类型"；region 用于提供可供选择的省市区；dateCheckin、dateCheckout 分别用于初始化入住日期与离店日期。

当用户单击选择"房间类型"，选择器的渲染效果如图 4.28(a)所示，用户可通过手指滑动屏幕选择自己想要预订的房间类型；当用户单击选择"所在区域"时，选择器的渲染效果如图 4.28(b)所示，页面分别给出省、市、区的列表，用户可分别对应选择；当用户单击选择"请选择入住日期"或"请选择离店日期"时，选择器的渲染效果如图 4.28(c)所示，页面分别给出年、月、日的列表，默认为当前日期，用户可分别对应选择。

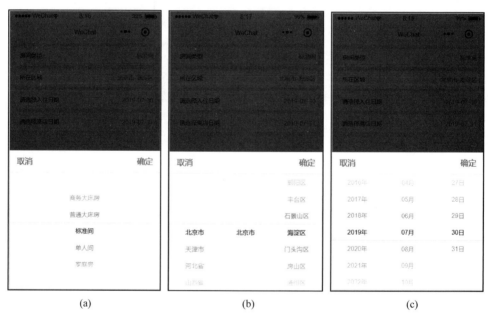

图 4.28　房间预订的 picker 组件渲染效果

相应地在 Console 中也会输出对应的用户选择信息，如图 4.29 所示。

图 4.29　Console 控制台输出的用户选择信息

4.2 媒体组件

4.2.1 媒体组件 image

微信小程序中，要显示一张图片，有两种图片加载方式，分别是加载本地图片与加载网络图片，均需要用到媒体组件 image，它支持 JPG、PNG、SVG 格式，其属性如表 4.25 所示。

表 4.25 媒体组件 image 的属性

属 性 名	类 型	默认值	说 明
src	string		图片资源地址
mode	string	scaleToFill	图片裁剪、缩放的模式
lazy-load	boolean	false	图片懒加载，在即将进入一定范围（上下三屏）时才开始加载
show-menu-by-longpress	boolean	false	开启长按图片显示识别小程序码菜单
binderror	EventHandle		当错误发生时触发，event.detail={errMsg}
bindload	EventHandle		当图片载入完毕时触发，event.detail={height,width}

注：(1) image 组件默认宽度为 300px，高度为 225px。
　　(2) image 组件中二维码/小程序码图片不支持长按识别，仅在 wx.previewImage 中支持长按识别。

表 4.25 中属性 mode 有效值的合法取值如表 4.26 所示，共有 13 种模式，其中 4 种是缩放模式，9 种是裁剪模式。

表 4.26 mode 属性的合法取值

模 式	值	说 明
缩放	scaleToFill	不保持纵横比缩放图片，使图片的宽高完全拉伸至填满 image 元素
缩放	aspectFit	保持纵横比缩放图片，使图片的长边能完全显示出来。也就是说，可以完整地将图片显示出来
缩放	aspectFill	保持纵横比缩放图片，只保证图片的短边能完全显示出来。也就是说，图片通常只在水平或垂直方向是完整的，另一个方向将会发生截取
缩放	widthFix	宽度不变，高度自动变化，保持原图宽高比不变
裁剪	top	不缩放图片，只显示图片的顶部区域
裁剪	bottom	不缩放图片，只显示图片的底部区域
裁剪	center	不缩放图片，只显示图片的中间区域
裁剪	left	不缩放图片，只显示图片的左边区域
裁剪	right	不缩放图片，只显示图片的右边区域
裁剪	top left	不缩放图片，只显示图片的左上边区域
裁剪	top right	不缩放图片，只显示图片的右上边区域
裁剪	bottom left	不缩放图片，只显示图片的左下边区域
裁剪	bottom right	不缩放图片，只显示图片的右下边区域

下面举例说明两种图片加载方式的使用方法。

1. 加载本地图片

在 WXML 文件中输入如下代码。

```
<view>
    <image src = "/images/waffles.png" mode = "aspectFill"></image>
</view>
```

代码中的图片文件 waffles.png 存放在项目根目录下的 images 文件中。

2. 加载网络图片

将 WXML 中的代码修改为：

```
<view>
    <image src = "{{imageUrl}}" mode = "aspectFill"></image>
</view>
```

其中的 imageUrl 在 JS 文件中的数据里面定义，如下：

```
data:{
    imageUrl: "http://img1.3lian.com/2015/w7/85/d/101.jpg",
}
```

也可以再增加一个"重新加载"按钮：

```
<view class = "btn">
    <button size = "mini" bindtap = "reload">重新加载</button>
</view>
```

渲染结果如图 4.30 所示。

"重新加载"按钮的代码在 JS 文件中添加，

```
reload:function(event){
    onsole.log(event)
    this.setData({
        imageUrl:"http://h.hiphotos.baidu.com/zhidao/pic/item/6d81800a19d8bc3e
                d69473cb848ba61ea8d34516.jpg"
    })
}
```

当单击"重新加载"按钮时，显示的是另外一幅指定的网络图片，如图 4.31 所示。

图 4.30　image 组件使用示例 1

图 4.31　image 组件使用示例 2

当然,这也并不能真正意义上实现重新加载图片的效果,可借助数组和随机数组合共同来实现随机加载图片的功能。

4.2.2 媒体组件 audio

媒体组件 audio 用于播放一段音频文件,该组件自 1.6.0 版本开始就不再维护,微信官方文档建议使用能力更强的 wx.createInnerAudioContext 接口。

该组件的属性如表 4.27 所示。

表 4.27 媒体组件 audio 的属性

属 性 名	类 型	默认值	说 明
id	string		audio 组件的唯一标识符
src	string		要播放音频的资源地址
loop	boolean	false	是否循环播放
controls	boolean	false	是否显示默认控件
poster	string		默认控件上的音频封面的图片资源地址,如果 controls 属性值为 false 则设置 poster 无效
name	string	未知音频	默认控件上的音频名字,如果 controls 属性值为 false 则设置 name 无效
author	string	未知作者	默认控件上的作者名字,如果 controls 属性值为 false 则设置 author 无效
binderror	EventHandle		当发生错误时触发 error 事件,detail = {errMsg: MediaError.code}
bindplay	EventHandle		当开始/继续播放时触发 play 事件
bindpause	EventHandle		当暂停播放时触发 pause 事件
bindtimeupdate	EventHandle		当播放进度改变时触发 timeupdate 事件,detail = {currentTime,duration}
bindended	EventHandle		当播放到末尾时触发 ended 事件

当发生错误时,触发 error 事件,MediaError.code 返回的错误码如表 4.28 所示。

表 4.28 MediaError.code 返回的错误码

返回错误码	说 明
1	获取资源被用户禁止
2	网络错误
3	解码错误
4	不合适资源

以下用代码展示 audio 媒体组件的使用。

首先在 pages 中新建一个目录,命名为 media,依次新建 media.js、media.wxss、media.wxml、media.json 四个文件,在 media.json 文件中添加代码"{}",然后在 app.json 文件的页面索引中添加新建的 media 文件。

```
{
  "pages": [
```

```
    ...
    "pages/media/media"
  ],
  ...
}
```

接下来,在"自定义编译条件"中将"pages/media/media"设置为启动页面。然后在 media.wxml 文件中添加如下代码。

```
<audio poster="{{poster}}" name="{{name}}" author="{{author}}" src="{{src}}"
       id="testAudio" controls loop></audio>
<view class="btn">
    <button type="default" size="mini" bindtap="audioPlay">播放</button>
    <button type="default" size="mini" bindtap="audioPause">暂停</button>
    <button type="default" size="mini" bindtap="audio20">
        设置当前播放时间为 20 秒
    </button>
    <button type="default" size="mini" bindtap="audioStart">回到开头</button>
</view>
```

media.wxss 中添加如下样式代码。

```
.btn{
  margin-top:30px;
  display:flex;
  flex-direction:column;
  justify-content:space-around;
  align-items: center;
  margin-left: 20px;
  margin-right: 20px;
  height:30vh;
}
```

media.js 文件中添加以下代码。

```
Page({
  data: {
    poster:
         'http://y.gtimg.cn/music/photo_new/T002R300x300M000003rsKF44GyaS
         k.jpg?max_age=2592000',
    name: '此时此刻',
    author: '许巍',
    src:
         'http://ws.stream.qqmusic.qq.com/M500001VfvsJ21xFqb.mp3?guid=ffffff
         ff82def4af4b12b3cd9337d5e7&uin=346897220&vkey=6292F51E1E384E
         06DCBDC9AB7C49FD713D632D313AC4858BACB8DDD29067D3C60
         1481D36E62053BF8DFEAF74C0A5CCFADD647116 0CAF3E6A&fromt
         ag=46',
  },

  onReady:function(e){
    this.audioCtx = wx.createAudioContext('testAudio')
```

```
    },
    audioPlay: function () {
      this.audioCtx.play()
    },
    audioPause: function () {
      this.audioCtx.pause()
    },
    Audio20: function () {
      this.audioCtx.seek(20)
    },
    audioStart: function () {
      this.audioCtx.seek(0)
    }
})
```

最终实现的页面效果如图 4.32 所示,用户可以通过单击"播放"按钮聆听音频播放,也可单击"暂停"按钮暂时停止音频文件的播放;还可以设置当前播放时间,以及回到文件开头重新开始播放。

图 4.32 音频组件 audio 使用示例

4.2.3 媒体组件 video

video 控件是微信小程序提供的系统组件之一,用于实现播放视频的功能,其主要属性如表 4.29 所示。

表 4.29 媒体组件 video 的主要属性

属 性 名	类 型	默认值	说 明
src	string		要播放视频的资源地址
duration	number		指定视频时长
controls	boolean	true	是否显示默认播放控件(播放/暂停等)
danmu-list	Array.<object>		弹幕列表
danmu-btn	boolean	false	是否显示弹幕按钮,只在初始化时有效,不能动态变更
enable-danmu	boolean	false	是否展示弹幕,只在初始化时有效,不能动态变更
autoplay	boolean	false	是否自动播放
loop	boolean	false	是否循环播放
muted	boolean	false	是否静音播放
initial-time	number	0	指定视频初始播放位置
direction	number		设置全屏时视频的方向,不指定则根据宽高比自动判断
show-progress	boolean	true	若不设置,宽度大于 240 时才会显示
show-fullscreen-btn	boolean	true	是否显示全屏按钮
show-play-btn	boolean	true	是否显示视频底部控制栏的播放按钮
enable-progress-gesture	boolean	true	是否开启控制进度的手势

续表

属　性　名	类　　型	默认值	说　　明
bindplay	EventHandle		当开始/继续播放时触发 play 事件
…			

注：video 默认宽度为 300px，高度为 225px，可通过 WXSS 设置宽、高。

同 image、audio 组件类似，video 组件也有两种使用方式，既可以播放本地视频资源文件，也可以播放网络视频资源文件。

1. 播放网络视频文件

首先在前述 media.wxml 文件中添加如下代码。

```
<video src = "http://www.w3school.com.cn//i/movie.mp4"
                            binderror = "videoErrorCallback">
</video>
```

再在 media.js 中添加如下代码。

```
videoErrorCallback: function (e) {
    console.log('视频错误信息:' + e.detail.errMsg);
}
```

该页面运行结果如图 4.33 所示。

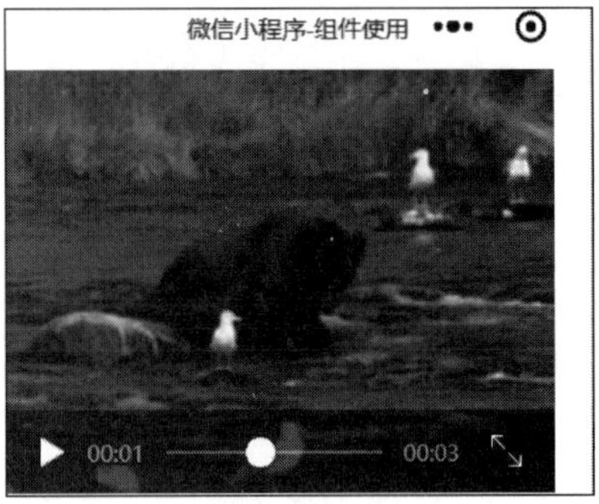

图 4.33　video 组件播放网络视频文件

2. 播放本地视频文件

在 media.wxml 中输入以下代码。

```
<view class = "video - btn">播放本地视频</view>
< view style = " display: flex; flex - direction:
column;">
    <video style = "width:100 % ; height = 400px; margin:1px;" src = "{{src}}"></video>
    <view class = "video - btn">
        <button size = "mini" style = "default" bindtap = "bindButtonTap">打开本地视频
        </button>
    </view>
</view>
```

该代码中要播放视频的资源地址通过变量{{src}}来访问，该变量在 media.js 中定义。

同时在 media.wxss 中新增如下样式。

```
.video - btn{
  margin - top:20px;
  display:flex;
  flex - direction:column;
  justify - content:space - around;
  align - items: center;
  margin - left: 20px;
  margin - right: 20px;
  height:10vh
}
```

接下来就需要对 media.js 中的代码进行补充,首先定义一个存放播放视频资源地址的变量 src,代码如下。

```
Page({
  data: {
      src:"",
  }
/*播放本地视频*/
  bindButtonTap: function () {
    var that = this
    //拍摄视频或从手机相册中选视频
    wx.chooseVideo({
      //album 从相册选视频,camera 使用相机拍摄,默认为:['album', 'camera']
      sourceType: ['album', 'camera'],
      //拍摄视频最长拍摄时间,单位为 s.最长支持 60s
      maxDuration: 60,
      //前置或者后置摄像头,默认为前后都有,即:['front', 'back']
      camera: ['front', 'back'],
      //接口调用成功,返回视频文件的临时文件路径,详见返回参数说明
      success: function (res) {
        console.log(res.tempFilePath)
        that.setData({
          src: res.tempFilePath
        })
      }
    })
  },

  videoErrorCallback: function (e) {
    console.log('视频错误信息:')
    console.log(e.detail.errMsg)
  }
})
```

将以上 3 个文件的代码保存、编译后,小程序运行的初始页面如图 4.34 所示。

当用户单击"打开本地视频"按钮时,模拟器出现的界面如图 4.35 所示。

选中要播放的 video 资源文件,单击如图 4.35 所示对话框中的"打开"按钮,该 video 就进入播放状态。

需要特别注意的是:如果将上述代码中的

var that = this

语句删掉或注释掉,同时将

```
success: function (res) {
    console.log(res.tempFilePath)
    that.setData({
```

图 4.34 video 组件播放本地视频

```
            src: res.tempFilePath
        })
    }
```


中的 that 修改为 this，则调试器窗口会提示错误信息，如图 4.36 所示。

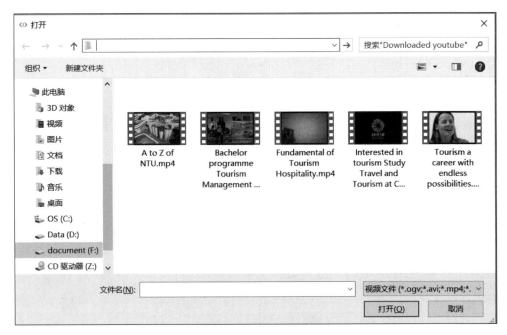

图 4.35　打开本地视频界面

```
▶thirdScriptError
Cannot read property 'setData' of null;at pages/bars/bars bindButtonTap function;at api chooseVideo success callback function
TypeError: Cannot read property 'setData' of null
    at success (http://127.0.0.1:54878/appservice/pages/bars/bars.js:173:13)
    at Function.function.a.(anonymous function) (http://127.0.0.1:54878/appservice/__dev__/WAService.js:7:12664)
    at Object.success (http://127.0.0.1:54878/appservice/__dev__/WAService.js:4:13561)
    at s (http://127.0.0.1:54878/appservice/__dev__/WAService.js:6:10916)
    at Function.<anonymous> (http://127.0.0.1:54878/appservice/__dev__/WAService.js:6:11099)
    at n.function.setTimeout (http://127.0.0.1:54878/appservice/appservice?t=1538446606819:1129:8236)
    at http://127.0.0.1:54878/appservice/__dev__/WAService.js:4:13561
    at http://127.0.0.1:54878/appservice/__dev__/WAService.js:4:1694
```

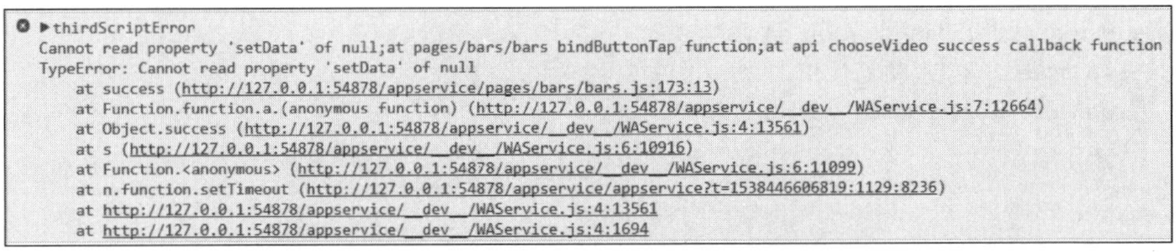

图 4.36　this 使用不当造成的错误信息

在 **JavaScript** 语言中，this 代表着当前的对象，它在程序中随着执行的上下文随时会变化。在本例中回调函数对象相对于 bindButtonTap 单击事件函数对象已经发生了变化，所以已经不是原来的页面对象了，自然就没有了 setData 属性。解决的办法就是复制一份当前的对象，所以就有了这个重要的语句：

```
var that = this
```

这时候再使用 that 就不会找不到原来的对象了。

```
that.setData({
      src: res.tempFilePath
})
```

关于 JavaScript 中 this 的用法放在附录中再行介绍。

4.2.4 媒体组件 camera

camera 为系统相机组件,一个页面只能插入一个 camera 组件,可以使用相机模式进行拍照或拍视频,也可以使用扫码模式进行二维码扫描,其属性列表如表 4.30 所示。

表 4.30 媒体组件 camera 的属性列表

属 性 名	类 型	默认值	说 明
mode	string	normal	应用模式,只在初始化时有效,不能动态变更
device-position	string	back	摄像头朝向
flash	string	auto	闪光灯,值为 auto,on,off
frame-size	string	medium	指定期望的相机帧数据尺寸
bindstop	EventHandle	false	摄像头在非正常终止时触发,如退出后台等情况
binderror	EventHandle	false	用户不允许使用摄像头时触发
bindinitdone	EventHandle	false	相机初始化完成时触发
bindscancode	EventHandle	false	在扫码识别成功时触发,仅在 mode="scanCode"时生效

表 4.30 中的属性 mode、device-position、flash、frame-size 的合法有效值分别如表 4.31~表 4.34 所示。

表 4.31 mode 属性的合法取值

值	说 明
normal	相机模式
scanCode	扫码模式

表 4.32 device-position 属性的合法取值

值	说 明
front	前置
back	后置

表 4.33 flash 属性的合法取值

值	说 明
auto	自动
on	打开
off	关闭

表 4.34 frame-size 属性的合法取值

值	说 明
small	小尺寸帧数据
medium	中尺寸帧数据
large	大尺寸帧数据

下面以代码示例说明 camera 组件的使用方法，首先在 media.wxml 文件中输入以下代码。

```
< camera device-position = "back" flash = "off" binderror = "error" style = "width:
        100 % ; height: 300px;">
</camera >
< view class = "video-btn">
    < button type = "primary" size = "mini" bindtap = "takePhoto">拍照
    </button>
</view>
< text class = "video-btn">预览</text >
< image mode = "widthFix" src = "{{src}}"></image >
```

然后在 media.js 文件中输入以下代码。

```
takePhoto() {
    const ctx = wx.createCameraContext()
    ctx.takePhoto({
        quality: 'high',
        success: (res) => {
            this.setData({
                src: res.tempImagePath
            })
        }
    })
},
error(e) {
    console.log(e.detail)
},
```

当该程序在模拟器中编译运行后，开发设备笔记本电脑的摄像头即被打开（前提条件是相机的应用权限应设为"允许应用访问你的相机"，Windows 10 中可在"设置"→"隐私"中进行更改），单击"拍照"按钮，相机拍摄到的照片将会在"预览"中出现，图 4.37(a)所示为笔记本电脑捕捉到的视频图像，图 4.37(b)所示为相机拍摄到的图像。

(a)　　　　　　　　　　　(b)

图 4.37　camera 组件应用示例效果图

4.3 地图组件 map

先来看一下 map 组件的属性,如表 4.35 所示。

表 4.35 地图组件 map 的主要属性列表

属性名	类型	默认值	说明
longitude	number		中心经度
latitude	number		中心纬度
scale	number	16	缩放级别,取值范围为 3~20
markers	Array.<marker>		标记点
polyline	Array.<polyline>		路线
circles	Array.<circle>		圆
include-points	Array.<point>		缩放视野以包含所有给定的坐标点
show-location	boolean	false	显示带有方向的当前定位点
show-compass	boolean	false	显示指南针
enable-zoom	boolean	false	是否支持缩放
enable-satellite	boolean	false	是否开启卫星图
enable-traffic	boolean	false	是否开启实时路况
bindcontroltap	EventHandle		单击控件时触发,会返回 control 的 id
bindregionchange	EventHandle		视野发生变化时触发
bindtap	EventHandle		单击地图时触发

map 组件中 marker 属性的用法

除了显示基本地图,还可以在地图上添加 markers(标注,用于在地图上显示标记的位置)、polyline(折线)、circles(圆形)、controls(控件),这里先来看一下 marker 属性的用法,表 4.36 是 marker 属性的一些参数及其描述。

表 4.36 marker 属性的主要参数描述

属性	类型	必填	描述
id	number	N	标记点 id(marker 事件回调会返回此 id)
longitude	number	Y	中心经度(浮点数,范围:-180~180)
latitude	number	Y	中心纬度(浮点数,范围:-90~90)
title	string	N	标注点名
iconPath	string	Y	显示的图标(项目目录下的图片路径,支持相对路径写法,以"/"开头,则表示相对小程序的根目录,也支持临时路径)
rotate	number	N	旋转角度(顺时针旋转的角度,范围:0~360,默认为 0)
alpha	number	N	标注的透明度(默认 1,无透明)
width	number	N	标注图标宽度(默认图标实际宽度)
height	number	N	标注图标高度(默认图标实际高度)

续表

属性	类型	必填	描述
callout	object	N	自定义标注点上方的气泡窗口（{content,color,fontSize, borderRadius,bgColor,padding,boxShadow,display}）
label	object	N	为标记点旁边增加标签（{color,font Size,content,x,y}，可识别换行符，x,y 原点是 marker 对应的经纬度）

下面以代码示例说明 map 组件的使用方法。

在 pages 目录下新建一个 map 目录，在新建的 map 目录中分别新建 map.js、map.json、map.wxml、map.wxss 四个文件，目录结构如图 4.38 所示。

再在 app.json 文件中添加 pages 的内容：

```
"pages":[
    "pages/index/index",
    "pages/logs/logs",
    "pages/map/map"
],
```

图 4.38　页面 map 的目录结构

然后添加编译模式，自定义编译条件，如图 4.39 所示。

图 4.39　将 map 设置为启动页面

下面通过一组代码介绍 map 组件的使用。

(1) 在 map.wxml 中输入以下代码。

```
<view class = "contentView">
  <view class = "mapView">
    <map
      id = "mapDemo"
      style = "width: 100%; height: 300px;"
      latitude = "{{latitude}}"
      longitude = "{{longitude}}"
      scale = "{{scale}}"
      markers = "{{markers}}"
      show-location
```

```
        ></map>
    </view>

    <button bindtap = "getCurrentLocation" type = "primary">{{location}}</button>
    <button bindtap = "moveMarker" type = "primary">移动标注</button>
    <button bindtap = "moveLocation" type = "primary">移动位置</button>
    <button bindtap = "scaleMap" type = "primary">按比例缩小地图</button>
    <button bindtap = "returnOriScaMap" type = "primary">恢复原比例地图</button>
</view>
```

上述代码中变量{{latitude}}、{{longitude}}分别表示 map 组件的中心纬度与中心经度,如果 map 组件中这两个属性的值不指定,则默认是北京的经纬度,如图 4.40 所示为不指定 map 组件中经纬度数据的显示界面。

{{scale}}表示缩放比例,{{marker}}为标记点;第一个 button 组件中的变量{{location}}用于定义按钮上显示的文本,上述变量其定义和值均来自于 map.js 文件,相应代码为:

图 4.40 map 组件中 latitude、longitude
          不填时的定位

```
Page({
    data: {
        latitude: 1.346544,
        longitude: 103.681544,
        scale: 16,
        location: "获取当前位置",
        markers: [
            {
                id: 1,
                latitude: 1.346544,
                longitude:103.681544,
                title: 'SCSE@NTU of Singapore',
            },
            {
                id: 2,
                latitude: 1.348893,
                longitude: 103.678983,
                title: 'National Institute of Education',
            }
        ],
    },
```

该段代码里定义了两个 markers 标记点,show-location 置为 true,表示显示带有方向的当前定位点。以上代码经扫描"预览"生成的二维码后的运行界面如图 4.41 所示。

图 4.41 中的两个红色 marker 的 title 给出了标记点的位置信息,当用户单击左上角 marker 的时候会在 marker 顶端显示 National Institute of Education 位置信息,当单击中间 marker 的时候则显示 SCSE@NTU of Singapore 位置信息。地图中偏右下角方向的蓝色指示表示当前的定位点。

图4.41 map组件测试运行效果

（2）map.wxml中用到的两个样式contentView、mapView在map.wxss中定义为：

```
.contentView{
    width: 100%
}
.mapView{
    box-sizing: border-box;
    padding:30rpx,30rpx,0,30rpx;
}
```

（3）接下来编写WXML文件中5个button按钮分别对应的map.js中的事件触发函数。

首先在小程序监听页面初次渲染完成生命周期函数onReady中初始化地图：

```
onReady: function (e)
{
    this.mapCtx = wx.createMapContext('myMap')
},
```

wx.createMapContext(string mapId, Object this)函数用于创建map上下文MapContext对象，参数string mapId为组件id，返回值为MapContext实例。

第1个button用于获取当前地图中心经纬度信息，其相应代码为：

```
getCurrentLocation: function () {
    var that = this
    that.mapCtx.getCenterLocation({
        success: function (res) {
            console.log('经度', res.longitude)
            console.log('纬度', res.latitude)
            that.setData({
                location: '经度:' + res.longitude + '纬度:' + res.latitude
            })
        }
    })
},
```

这里调用了MapContext.getCenterLocation()函数，用于获取当前地图中心的经纬度。返回的是gcj02坐标系（由中国国家测绘局制定的地理信息系统的坐标系统），可以用于wx.openLocation()。

getCenterLocation参数如表4.37所示。

表 4.37 getCenterLocation 参数

属 性	类 型	必 填	描 述
success	function	N	接口调用成功的回调函数
fail	function	N	接口调用失败的回调函数
complete	function	N	接口调用结束的回调函数(调用成功、失败都会执行)

其中,object.success 回调函数参数 Object res 如表 4.38 所示。

表 4.38 Object res 参数

属 性	类 型	描 述
longitude	number	经度
latitude	number	纬度

该按钮被单击后的运行界面如图 4.42 所示。

第 2 个 button 用于移动 marker 标注到一个指定的位置,其相应代码为:

```
moveMarker: function () {
    this.mapCtx.translateMarker({
        markerId: 1,
        autoRotate: true,
        duration: 1000,
        destination: {
            latitude: 1.345997,
            longitude: 103.681104,
        },
    })
},
```

图 4.42 获取当前位置信息

这里用到了另外一个函数,MapContext.translateMarker(Object object)用于对 marker 进行移动并且到一个指定的位置。

translateMarker 函数参数如表 4.39 所示。

表 4.39 translateMarker 参数

属 性	类 型	必 填	描 述
markerId	number	Y	指定 marker
destination	Object	Y	指定 marker 移动到的目标点
autoRotate	boolean	Y	移动过程中是否自动旋转 marker
rotate	number	Y	marker 的旋转角度
duration	number	N	动画持续时长,平移与旋转分别计算,默认值为 1000
animationEnd	function	N	动画结束回调函数
success	function	N	接口调用成功的回调函数
fail	function	N	接口调用失败的回调函数
complete	function	N	接口调用结束的回调函数(调用成功、失败都会执行)

其中,object.destination 的结构如表 4.40 所示。

表 4.40 object.destination 的结构

属　　性	类　　型	必　　填	描　　述
longitude	number	Y	经度
latitude	number	Y	纬度

该按钮被单击后的运行界面如图 4.43 所示。

对比图 4.42 与图 4.43 中的两个 marker(代码中指定移动的 marker 对象的 markerId=1)的位置发生了改变。

第 3 个 button 用于将地图中心移动到当前定位点,需配合 map 组件中的 showlocation 使用,其代码为:

```
moveLocation: function () {
    this.mapCtx.moveToLocation()
},
```

该按钮被单击后的运行界面如图 4.44 所示。

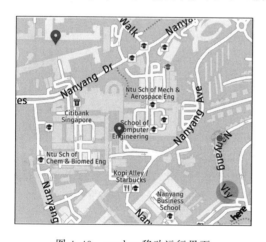

图 4.43 marker 移动运行界面

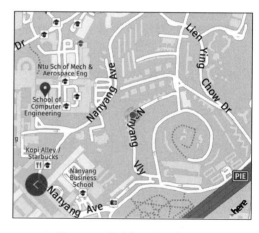

图 4.44 移动位置的运行界面

第 4 个 button 用于将地图缩小至指定的比例,代码为:

```
scaleMap: function () {
    this.setData({
        scale: 10,
    })
},
```

第 5 个 button 用于将地图恢复至原来的比例,代码为:

```
returnOriScaMap:function(){
    this.setData({
```

```
        scale:16,
    })
},
```

4.4 使用微信 API 函数访问地理位置

微信提供 3 个 API 函数,分别是 wx.getLocation(Object)、wx.openLocation(Object)、wx.chooseLocation(Object)。其中,wx.openLocation(Object)使用微信内置地图查看位置;wx.getLocation(Object)用于获取当前的地理位置、速度信息,当用户离开小程序后,此接口无法调用;wx.chooseLocation(Object)用于打开地图选择位置。

wx.openLocation(Object object)函数的参数 object 如表 4.41 所示。

表 4.41 wx.openLocation 函数的 object 参数列表

属 性 名	类 型	默 认 值	说 明
latitude	number		纬度,范围为-90~90,负数表示南纬。使用 gcj02 国测局坐标系
longitude	number		经度,范围为-180~180,负数表示西经。使用 gcj02 国测局坐标系
scale	number	18	缩放比例,范围为 5~18
name	string		位置名
address	string		地址的详细说明
success	function		接口调用成功的回调函数
fail	function		接口调用失败的回调函数
complete	function		接口调用结束的回调函数(调用成功、失败都会执行)

wx.getLocation(Object object)函数的参数 object 如表 4.42 所示。

表 4.42 wx.getLocation 函数的 object 参数列表

属 性 名	类 型	默 认 值	说 明
type	string	wgs84	wgs84 返回 GPS 坐标,gcj02 返回可用于 wx.openLocation 的坐标
altitude	string	false	传入 true 会返回高度信息,由于获取高度需要较高精确度,会减慢接口返回速度
success	function	18	接口调用成功的回调函数
fail	function		接口调用失败的回调函数
complete	function		接口调用结束的回调函数(调用成功、失败都会执行)

wx.chooseLocation(Object object)函数的参数 object 如表 4.43 所示。

表 4.43 wx.chooseLocation 函数的 object 参数列表

属性名	类型	默认值	说明
success	function		接口调用成功的回调函数
fail	function		接口调用失败的回调函数
complete	function		接口调用结束的回调函数(调用成功、失败都会执行)

下面通过一组代码介绍这三个 API 函数的使用。首先新建一个 location 页面,然后分别建立 WXML、WXSS、JSON、JS 四个文件。

(1) 在 location.wxml 文件中输入以下代码。

```
<view class="location">
  <button style="default" size="mini" bindtap="locationViewTap">
    获取用户当前位置
  </button>
</view>
<view class="location">
  <button style="default" size="mini" bindtap='chooseMapViewTap'
     style="margin:10px">选择位置</button>
</view>

<view class="container">
  <text>地理位置名称:{{name}}</text>
  <text>详细地址:{{address}}</text>
  <text>经度:{{latitude}}</text>
  <text>纬度:{{longitude}}</text>
</view>
```

(2) 在 location.wxss 中输入以下代码建立 location 样式。

```
.location{
  margin-top:20px;
  display:flex;
  flex-direction:column;
  justify-content:space-around;
  align-items:center;
  margin-left:20px;
  margin-right:20px;
  height:10vh
}
```

(3) 接下来在 location.js 文件中编写代码实现"获取用户当前位置"及"选择位置"两个按钮被单击到时触发的函数功能。

首先进行数据定义:

```
Page({
  data:{
    latitude:0,              //经纬度
    longitude:0,
    name:"",
```

```
        address:""
    },
    …
})
```

然后定义两个触发函数：

```
locationViewTap:function(){
    wx.getLocation({
        type: 'gcj02',
        success: function (res) {
            console.log(res)
            wx.openLocation({
                latitude: res.latitude,
                longitude: res.longitude,
            })
        },
    })
},
chooseMapViewTap:function(){
    var that = this
    wx.chooseLocation({
        success: function(res) {
            console.log(res),
            that.setData({
                name:res.name,
                address:res.address,
                latitude:res.latitude,
                longitue:res.longitude
            })
        }
    })
}
```

编译运行后，出现的运行界面如图 4.45 所示。

单击图 4.45 中的"获取用户当前位置"按钮，系统提示如图 4.46 所示的问题信息。

图 4.45 map 组件测试示例运行界面

图 4.46 getLocation 函数调用出现的提示信息

此时需要在 app.json 中补充以下代码。

```
"permission": {
  "scope.userLocation": {
    "desc": "你的位置信息将用于小程序位置接口的效果展示"
  }
},
```

完整的 app.json 代码如下。

```
{
  "pages": [
    "pages/index/index",
    "pages/logs/logs",
    "pages/switch",
    "pages/picker/picker",
    "pages/media/media",
    "pages/location/location"
  ],

  "permission": {
    "scope.userLocation": {
      "desc": "你的位置信息将用于小程序位置接口的效果展示"
    }
  },

  "window": {
    "backgroundTextStyle": "light",
    "navigationBarBackgroundColor": "#fff",
    "navigationBarTitleText": "WeChat",
    "navigationBarTextStyle": "black"
  },
  "sitemapLocation": "sitemap.json"
}
```

再次单击"获取用户当前位置"按钮,弹出如图 4.47 所示的提示框。

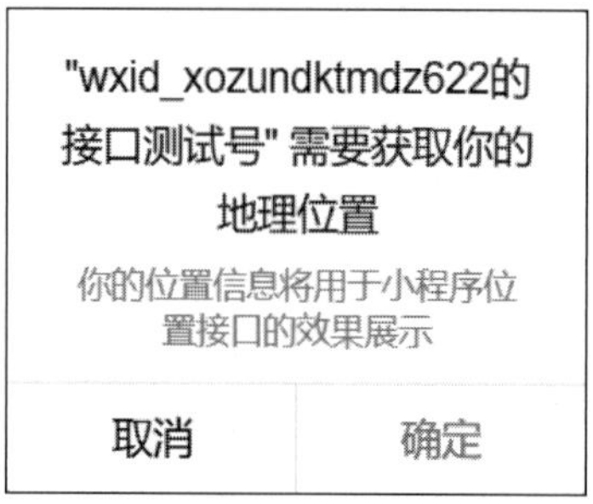

图 4.47 getLocation 函数调用获取地理位置信息

单击"预览"按钮,通过手机微信"扫一扫"扫描出现的二维码,获取当前位置,如图 4.48 所示。

返回,单击"选择位置"按钮,出现如图 4.49 所示界面。

在"搜索地点"文本框中输入"NIE",出现如图 4.50 所示界面,单击列表中出现的第一条信息 National Institute of Education(NIE),单击"确定"按钮,如图 4.51 所示,回到初始界面,此时显示的信息如图 4.52 所示。

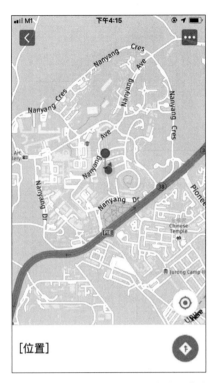

图 4.48　map 组件获取的当前位置信息

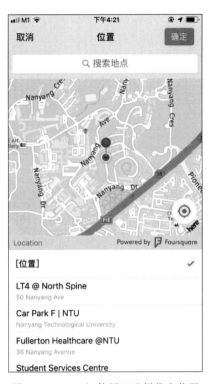

图 4.49　map 组件用于选择指定位置

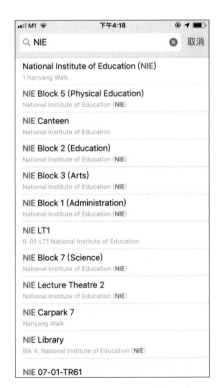

图 4.50　map 组件用于搜索地点

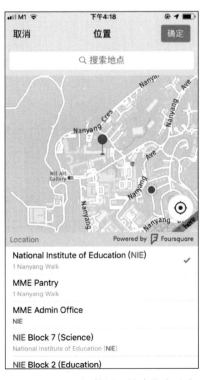

图 4.51　map 组件用于搜索指定地点

图 4.52 map 组件用于获取指定位置详细信息

思 考 题

请结合在第 1 章思考题中规划设计的小程序应用服务项目展开思考,要实现该项目,需用到哪些组件?每一个组件分别完成什么功能?并在小程序前端页面中,通过 WXML 与 WXSS 的集合实现这些组件的初步布局。

第 5 章　小程序开发实例

5.1　准备工作

小程序从结构上可以分成一个 App 和多个 Page，这个 App 是对小程序整体或者全局信息的一个抽象封装；每个 Page 负责相应页面信息的抽象封装。其中，app 又可以分割成三个文件，分别描述小程序整体上的逻辑，以及全局配置和一些全局的公共样式表，如表 5.1 所示。

表 5.1　App 的 3 个文件

文 件 名	是否必需	说　　明
app.js	是	负责小程序逻辑
app.json	是	负责小程序公共配置
app.wxss	否	负责建立小程序公共样式表

每个 Page 对应的页面其相应代码又可以分成四个单独的文件（我们将要建立的页面名称命名为 about），如表 5.2 所示。

表 5.2　一个小程序页面的 4 个文件

文 件 名	是否必需	说　　明
js	是	负责小程序页面逻辑
wxml	是	负责小程序页面结构
json	否	负责进行小程序页面配置
wxss	否	负责建立小程序页面样式表

这 4 个文件的名字都与页面的名称相同。需要注意的一点是：小程序包含的所有页面，每一个页面均要放在单独的目录中，所有这些目录又放在一个总的父目录中进行集中管理。

其中，JSON 对象格式的文本，不能是空白，至少应是一个空的 JSON 对象。如图 5.1 所示为创建一个空的 JSON 对象。

app.json 中还至少应配置一个属性，即 pages 属性，在该属性中通过一个字符串数组来配置这个小程序中用户可能访问到的每一个页面的路径，在我们即将建立的这个项目中，只需要配置唯一的 about 页面的访问路径，这个路径是 Pages 目录下 about 目录下的 about 页。每当新建一个页面时，都必须在 app.json 文件 pages 中将该新增页面的路径添加进去,如图 5.2 所示。

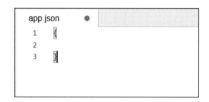

图 5.1 创建一个空的 JSON 对象

图 5.2 app.json 文件中页面路径配置信息

另外,页面的 ahout.js 函数不能是空白,至少需要调用 page 函数给 about 页面注册一个它自己的页面对象,可以注册一个空的页面对象,如图 5.3 所示。

新建的 about 页面上当前没有添加任何内容,此时需要在对应的结构文件即视图文件 about.wxml 中,添加一些组件元素来展示出对应的内容。类似于 HTML,可以使用最简单

图 5.3 注册空页面对象

的基本组件元素,如用 text 元素来表示一个 Hello World 的文本;还可以通过 style 属性直接添加一些 inline 样式,如图 5.4 所示。

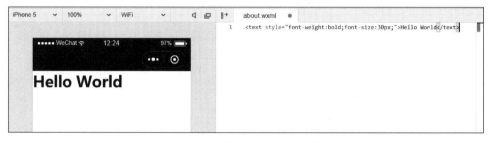

图 5.4 about.wxml 视图文件中直接使用 text 组件

也可以将样式代码从视图文件中抽离出来,放在一个单独的样式表中,即 WXSS 文件。定义一个样式规则,命名为 info,如图 5.5 所示。

如果要在视图文件 WXML 中应用,通过 class 取值来指定,如图 5.6 所示。

图 5.5 about.wxss 样式文件的定义

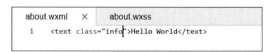

图 5.6 在 about.wxml 文件中引用 WXSS 文件中定义的样式

5.2 小程序生命周期

微信小程序的生命周期有两个,一个是 App 的生命周期,另一个是 Page 的生命周期。小程序的生命周期函数在 app.js 中调用,App(Object) 函数用来注册一个小程序,接受一个 Object 参数,指定小程序的生命周期回调等,一般有 onLaunch 监听小程序初始化、onShow

监听小程序显示、onHide 监听小程序隐藏等生命周期回调函数,如表 5.3 所示。

表 5.3 小程序生命周期 Object 参数说明

属性	类型	描述	触发时机
onLaunch	function	生命周期回调——监听小程序初始化	小程序初始化完成时(全局只触发一次)
onShow	function	生命周期回调——监听小程序显示	小程序启动,或从后台进入前台显示时
onHide	function	生命周期回调——监听小程序隐藏	小程序从前台进入后台时
onError	function	错误监听函数	小程序发生脚本错误,或者 API 调用失败时触发
onPageNotFound	function	页面不存在监听函数	小程序要打开的页面不存在时触发
其他	any	开发者可以添加任意函数或数据到 Object 参数中,用 this 访问	

页面的生命周期函数是指每当进入或切换到一个新的页面时将会调用到的生命周期函数,Page(Object)函数用来注册一个页面。接受一个 Object 类型参数,其指定页面的初始数据、生命周期回调、事件处理函数等,如表 5.4 所示。

表 5.4 页面生命周期 Object 参数说明

属性	类型	描述
data	Object	页面的初始数据
onLoad	function	生命周期回调——监听页面加载
onShow	function	生命周期回调——监听页面显示
onReady	function	生命周期回调——监听页面初次渲染完成
onHide	function	生命周期回调——监听页面隐藏
onUnload	function	生命周期回调——监听页面卸载
onPullDownRefresh	function	监听用户下拉动作
onReachBottom	function	页面上拉触底事件的处理函数
onShareAppMessage	function	用户单击右上角转发
onPageScroll	function	页面滚动触发事件的处理函数
onTabItemTap	function	当前是 Tab 页时,单击 Tab 时触发
其他	any	开发者可以添加任意函数或数据到 Object 参数中,用 this 访问

1. onLoad(Object query)

页面加载时触发。一个页面只会调用一次,可以在 onLoad 的参数中获取打开当前页面路径中的参数。

2. onShow()

页面显示/切入前台时触发。

3. onReady()

页面初次渲染完成时触发。一个页面只会调用一次,代表页面已经准备妥当,可以和视图层进行交互。

4. onHide()

页面隐藏/切入后台时触发。如 navigateTo 或底部 Tab 切换到其他页面，小程序切入后台等。

5. onUnload()

页面卸载时触发。如 redirectTo 或 navigateBack 到其他页面时。

5.3 页面配置初探

任务1：给 about 页添加一个标题，并配置为白底黑字的"关于"。

实现方法：在 about.json 文件中添加如下代码。

```
{
  "navigationBarTitleText":"关于",
  "navigationBarBackgroundColor": "#fff",
  "navigationBarTextStyle": "black"
}
```

第一个属性设置标题为"关于"，第二个属性配置导航栏的背景色为白色，第三个属性配置标题文本的样式为黑色。导航栏的背景色可以是任何颜色值，而标题文本的颜色只有 white 和 black 两种取值。

表 5.5 列出了页面的 JSON 文件中可以配置的页面属性信息，当前页面中配置的相关属性信息会覆盖 app.json 的 window 中相同的配置项。

表 5.5 JSON 文件中可以配置的页面属性信息

属性名	类型	默认值	说明
navigationBarBackgroundColor	HexColor	#000000	导航栏背景颜色
navigationBarTextStyle	string	false	导航栏标题颜色，仅支持 black/white
navigationBarTitleText	string		导航栏标题文字内容
navigationStyle	string	default	导航栏样式
backgroundColor	HexColor	#ffffff	窗口的背景色
backgroundTextStyle	string	dark	下拉 loading 的样式，仅支持 dark/light
backgroundColorTop	string	#ffffff	顶部窗口的背景色，仅 iOS 支持
backgroundColorBottom	string	#ffffff	底部窗口的背景色，仅 iOS 支持
enablePullDownRefresh	boolean	false	是否开启当前页面下拉刷新
onReachBottomDistance	number	50	页面上拉触底事件触发时距页面底部距离，单位为 px
pageOrientation	string	portrait	屏幕旋转设置，支持 auto/portrait/landscape
disableScroll	boolean	false	设置为 true 则页面整体不能上下滚动
disableSwipeBack	boolean	false	禁止页面右滑手势返回
usingComponents	Object	否	页面自定义组件配置

任务 2：给 about 页添加页面结构和内容，通过对应的标记与元素来表达图片和文本。

前面章节提到过，WXML 也是通过框架提供的基础组件来表达内容元素，其中有一些属性，是任何一个 WXML 组件都可以设置的，比如

```
< text class = "info" id = "" style = "" bindtap = "" hidden = "true" data - user - name = "user">
        Hello World
</text >
```

中的 class 属性、id 属性、style 属性等，以及通过 bindtap 这样的方式来给该组件元素触发的事件绑定一个处理函数，也可以设置 hidden 属性来控制该元素是否隐藏，还可以通过 data-这样的属性来设置一些组件自定义的数据，这些自定义数据将会在事件触发的时候封装在事件对象中，传递给对应的事件处理函数进行处理。

还可以通过 image 组件完成图片的加载功能：

```
< image src = "http://www."></image >
```

可以加载一个网页上的图片，也可以是一个本地的图片，该图片文件需要放到小程序项目的文件结构中，添加一个 images 目录放置一些需要使用到的图片文件，代码如：

```
< image src = "/images/celavi.jpg"></image >
< text > CELAVI 餐厅和空中酒吧</text >
< text > Marina Bay Sands </text >
< text >小程序开发测试</text >
```

注意：image 组件也可以使用相对路径，以上代码运行后的界面如图 5.7 所示。

从图 5.7 显示效果来看，页面在渲染时是尽可能挤在同一行去展示，其原因在于 text 元素默认是 inline 元素，image 元素默认是 inline-block 元素。实际使用中，经常也需要将这样的多个元素放置在一个容器中，以便对由多个元素构成的整体做一个总的样式控制。在 HTML 中，是通过 div 来实现这样的容器元素，在 WXML 中则可以通过 view 元素来作容器元素，实现一个 view 元素包含一个 image 元素和三个 text 元素，同时也将图片和文本信息呈现出来，代码如下。

图 5.7　图片加载效果

```
< view >
    < image src = "/images/celavi.jpg"></image >
    < text > CELAVI 餐厅和空中酒吧</text >
    < text > Marina Bay Sands </text >
    < text >小程序开发测试</text >
</view >
```

代码运行后的效果仍然如图 5.7 所示，各个组件元素的显示在布局上没有改观，如何设计布局样式来使组件元素的显示尽量美观呢？

5.4 快速实现基本布局——应用弹性盒子布局

先从一个简单的布局需求开始,具体要求如下。
(1) 从上往下,分行输出,而不是全部挤在一行输出,每个元素独占一行自上而下放置。
(2) 素材间隔均匀分布。
(3) 水平居中。

先给 view 元素添加一个临时的背景色,如前所述,需要修改样式文件 about.wxss,并在 WXML 文件中引用这些样式。在 about.wxss 中新建一个样式 container,代码如下。

```
.container{
    background-color: rgb(233, 227, 227);
}
```

小技巧:在 WXSS 样式文件中,经常需要定义各种颜色,如这里的 background-color,当需要选择想要的颜色时,此时可以先任意输入一组值,以#开头,如#fff,然后移动鼠标至相应位置,此时就会出现颜色选择器,如图 5.8 所示。

用鼠标单击调色板相应位置拾取想要定义的颜色,此时 background-color 的颜色值会以 rgb 三个分量的值呈现,如图 5.9 所示。

在 about.wxml 引入 wxss 中定义的 container 样式:

```
<view class = "container">
    ...
</view>
```

此时的渲染效果如图 5.10 所示。

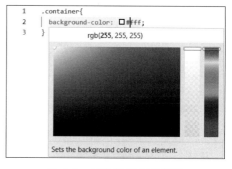

图 5.8 颜色选择器的使用

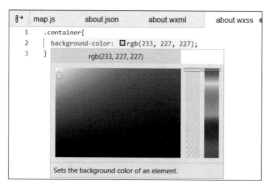

图 5.9 颜色选择器的 rgb 三分量显示

图 5.10 引入 container 样式后的渲染效果

观察这里的 view 元素,它默认的高度取决于 4 个子元素的高度之和。在实际的页面效果中,如果希望 view 元素的高度等同于页面可见区域的高度,可以通过将高度设置为 100vh 来实现,vh 即 viewport height,100vh 相当于页面视口高度的百分之百,即相当于视口的高度。

5.4.1 传统布局的实现方式

1. 需要实现从上往下的布局需求

如果在 WXML 文件中不引入 view 组件,也不改变 text 组件的显示方式,此时的代码为:

```
< image src = "/images/celavi.jpg"></image >
< text > CELAVI 餐厅和空中酒吧</text >
< text > Marina Bay Sands </text >
< text > 小程序开发测试</text >
```

该段代码渲染出的结果将同图 5.7。那么如何实现文本从上往下显示的布局?如果将每个 text 元素从 inline 元素变成快捷元素,就可以实现每个元素独占一行从上往下放置。

这里先在 about.wxss 中添加一个样式 text,代码为:

```
.text{
  display:block;
}
```

然后在 about.wxml 文件中将该 text 样式在 text 组件中引入,代码如下。

```
< text class = "text"> CELAVI 餐厅和空中酒吧</text >
```

此时的实现效果如图 5.11 所示。

那么水平居中又该如何实现呢?

此时需要在 text 样式中增加一个 text-align 属性并将其值置为 center,此时的显示效果如图 5.12 所示。

图 5.11　引入 text 样式实现文本内容的分行显示

图 5.12　文本居中显示的 text-align 设置

2. 素材均匀分布

一种传统的实现方式为：先计算页面可见区域的总高度减去每个元素实际占的高度，得出在垂直方向上剩余的空间高度，将剩下的空间高度均匀地分配给每个元素的垂直外边距，通过设置每个子元素的下外边距来实现，这里暂且假定为 90rpx，具体页边距的设置可以根据实际显示效果做动态调整。

about.wxss 中的相应代码为：

```
image,text{
    margin-bottom:90rpx;
}
```

实现效果如图 5.13 所示。

传统方式的特点如下。

（1）布局目标可根据不同元素位置需要分别进行不同的属性赋值，有的属性需要赋值在一些子元素上，如 image、text，有的属性需要赋值在每一个子元素上，如 text 等。

（2）传统布局依赖于页面结构与实际内容大小，当页面结构发生变化时，布局相关属性取值都将重新调整，从而不能足够灵活应对页面结构的变化。如本例中，如果加入的图片高度变大，每个元素向外边距的值则需要重新计算；如果视图中包含不止三个 text 元素，margin-bottom 也将重新计算，间距会相应减少。

图 5.13 图片及文字垂直方向均匀分布的实现效果

5.4.2 弹性盒子布局

首先将拟使用弹性盒子布局的所有元素包括 image 和 text 均嵌套在一个 view 组件中，将其变成一个 flex container，方法是将该容器的 display 取值改为 flex。about.wxss 中的代码为：

```
.container{
    background-color:rgb(233,227,227);
    height:100vh;
    display:flex;
}
```

在 about.wxml 中引入 WXSS 中定义的 container 样式：

```
<view class="container">
    <image src="/images/celavi.jpg"></image>
    <text>CELAVI 餐厅和空中酒吧</text>
    <text>Marina Bay Sands</text>
    <text>小程序开发测试</text>
</view>
```

模拟器中渲染出的效果如图 5.14 所示。

如在 container 样式中增加一行代码：

flex-direction: column;

显示的效果同图 5.14，说明 flex-direction 默认主轴方向为从上往下。如果将 flex-direction 的值置为 row，则显示的效果如图 5.15 所示，此时的主轴方向为从左到右。

图 5.14 引入 flex 弹性盒子布局的显示效果

图 5.15 flex-direction 置为 row 时的显示效果

如果希望在垂直方向上各个元素的前后间隔均等，并且第一个元素和最后一个元素距离这个容器的边缘也都有一个相应的间隔，可通过置属性 justify-contentspace-around 为 space-around 来实现。属性 align-items 可用来控制元素的对齐方式，当 flex-direction 主轴方向定义为 row 时，align-items 分别取值 flex-start、flex-end、baseline 的显示效果如图 5.16 所示。

(a) align-items:flex-start

(b) align-items:flex-end

(c) align-items:baseline

图 5.16 align-items 取不同值时的显示效果

5.4.3 弹性盒子布局的优点

弹性盒子布局作为一种新的布局方式，实现的是一种整体布局，不仅直观高效，而且能够灵活地应对页面结构的变化，这种方式具有如下优点。

（1）WXSS 属性赋值相对统一，可在容器元素上做统一控制，容器内的所有组件元素都将具有统一赋值的显示属性。

（2）布局方式灵活，可以应对页面结构的一些变化。如在页面结构中新增两个 text 元素，依然可以和原来的元素在垂直方向上保持均匀分布，从而实现一种整体控制，并没有去具体计算每个元素之间的间隔大小。

5.5 如何让元素大小适配不同宽度屏幕

本章中用到的图片在渲染时均未重置其显示尺寸，则保持为 image 元素默认的大小，即宽度为 320px，高度为 240px，如果希望宽高均为屏幕宽度的一半或其他尺寸，该如何实现呢？

当选择模拟器中的显示终端设备为 iPhone 5 时，其屏幕显示尺寸为 320×568，因此可将显示图片的宽、高均设置为 160。首先在 about.wxss 中新增一样式为：

```
.bar{
    width:160px;
    height: 160px;
}
```

在 about.wxml 文件中，修改 image 元素的 class 属性：

```
<image class = "bar" src = "/images/celavi.jpg"></image>
```

此时的显示效果如图 5.17 所示。

以上图片显示尺寸的设定是在选定显示设备型号的前提下，直接在 WXSS 文件中设置图片的宽高显示像素，如果想要实现图片的宽高始终保持为屏幕宽度的一半，这个时候显示像素这个绝对单位就不适用了，需要引入一个新的长度单位，它必须是一个相对于屏幕宽度大小的一个相对长度单位，小程序中称这个相对长度单位为 rpx。无论当前是哪种设备，它都统一规定这个设备上的屏幕宽度为 750rpx。如要实现图片的宽高均为屏幕宽度的一半，采用的相对单位就是 375rpx，如图 5.18 所示。

图 5.17　设置显示图片的尺寸大小

图 5.18　指定图文显示效果的布局样式

最后做一个简单的优化,把这个图片设计为一个圆形的图片,相应的文本可以实现加粗字体和字号变大的效果。

(1) 在 about.wxss 中增加图片的圆形设计。

将显示图片用到的组件 image 将要使用的样式 bar 修改为:

```
.bar{
  width:375rpx;
  height: 375rpx;
  border-radius: 50%
}
```

WXML 文件中 view 组件将要使用到的样式 container 的完整代码为:

```
.container{
  background-color: rgb(233, 227, 227);
  height:100vh;
  display:flex;
  flex-direction: column;
  justify-content: space-around;
  align-items:center
}
```

(2) 在 about.wxml 中增加文本的控制。

```
<view class = "container">
  <image class = "bar" src = "/images/celavi.jpg"></image>
  <text style = 'font-weight:bold;font-size:60rpx'>CELAVI 餐厅和空中酒吧</text>
  <text>Marina Bay Sands</text>
  <text>小程序开发测试</text>
</view>
```

显示效果如图 5.19 所示。

图 5.19　圆形图片及指定显示样式的文本效果

5.6　新增"优惠推荐"promotion 页并快速调试

首先,需要添加 promotion 页对应的目录和文件(脚本文件 JS、配置文件 JSON、视图文件 WXML、样式表文件 WXSS),在 promotion.json 文件中配置一个空的 JSON 对象;然后在脚本文件.js 中调用 Page 函数,给页面注册一个空对象{};再给 WXML 添加"优惠推荐"所对应的 WXML 代码。

5.6.1　使用 navigator 组件——从 about 页跳转到 promotion 页

添加导航链接最简单的方式是使用 navigator 组件,主要是两个属性的使用,分别是 open-type 属性和 hove-class 属性。navigator 组件的属性在表 5.6 中予以列出。

表 5.6 navigator 组件的属性信息

属性名	类型	默认值	说明
target	string	self	在哪个目标上发生跳转,默认当前小程序,可选值:self/,miniProgram
url	string		当前小程序内的跳转链接
open-type	string	navigate	跳转方式
delta	number		当 open-type 为 navigateBack 时有效,表示回退的层数
app-id	string		当 target="miniProgram"时有效,要打开的小程序 appId
path	string		当 target="miniProgram"时有效,打开页面路径,如果为空则打开首页
extra-data	object		当 target="miniProgram"时有效,需要传递给目标小程序的数据,目标小程序可在 App.onLaunch(),App.onShow()中获取到这份数据
version	version	release	当 target="miniProgram"时有效,要打开的小程序版本,有效值:develop(开发版),trial(体验版),release(正式版)。仅在当前小程序为开发版或体验版时此参数有效;如果当前小程序是正式版,则打开的小程序必定是正式版
hover-class	string	navigator-hover	指定单击时的样式类,当 hover-class="none"时,没有单击态效果
hover-stop-propagation	boolean	false	指定是否阻止本节点的祖先节点出现单击态
hover-start-time	number	50	按住后多久出现单击态,单位:ms
hover-stay-time	number	600	手指松开后单击态保留时间,单位:ms
bindsuccess	string		当 target="miniProgram"时有效,跳转小程序成功
bindfail	string		当 target="miniProgram"时有效,跳转小程序失败
bindcomplete	string		当 target="miniProgram"时有效,跳转小程序完成

首先在 app.json 中添加 promotion 页面的路径"pages/promotion/promotion"。小程序的初始页面为 about,在 about 页上加一个导航链接,让它指向 promotion 页。

about.wxml 中的完整代码为:

```
<view class="container">
    <image class="bar" src="/images/celavi.jpg"></image>
    <text style='font-weight:bold;font-size:60rpx'>CELAVI 餐厅和空中酒吧</text>
    <text>Marina Bay Sands</text>
    <text>Contact Us:+65 65082188;商家优惠促销</text>
</view>
```

如果只是对"商家优惠促销"中的"优惠促销",此时需要将文本进行拆分,分别为"商家"与"优惠促销"。

```
<text>Contact Us:+65 65082188;商家</text>
<navigator url='/pages/promotion/promotion'>优惠促销</navigator>
```

可以发现,此时的显示效果却是分成两行显示,如图 5.20 所示。

出现这种结果的原因,是因为<text>和<navigator>都是并列的关系,都是作为<view>元素的子元素,从上往下来进行放置。为了把它们仍然放在同一行,采取以下解决方案。

第 1 步:navigator 默认是块级元素,需要将其变成 inline 元素,增加 style='display:inline'属性值。

第 2 步:需要将一个<text>元素和一个<navigator>元素封装在一个<view>元素中。

经实测,两个步骤缺一不可,相应代码为:

```
<view>
  <text>Contact Us: +65 65082188;商家</text>
  <navigator style='display:inline' url='/pages/promotion/promotion'>优惠促销
  </navigator>
</view>
```

图 5.20 增加导航链接后分行显示效果

通过<view>元素的封装,仍然可以在同一行中显示为完整的一段话。只有对<navigator>元素中的"优惠促销"进行单击,才会从当前页面跳转到目标页。跳转页的左上角有一个"返回"按钮,可以返回到 about 页面。如果希望实现不能返回,则需要用到 navigator 元素的 open-type 属性。

置 open-type='redirect'(其默认值为 navigate,即返回跳转前的页面)。

第 3 步:如何给<navigator>元素添加一个单击态的样式效果?

实现单击态的样式效果需要用到 hove-class 属性,首先给<navigator>元素的 hove-class 赋值一个样式类:

hover-class='nav-hover'

然后在页面对应的样式表中去定义样式规则。如果希望导航链接被单击的时候,将它字体的颜色变为红色,在 about.wxss 中添加:

```
.nav-hover{
  color: red;
}
```

5.6.2 配置 tabBar——对若干一级页面的入口链接

如果小程序是一个多 Tab 应用,可通过配置顶部或底部导航栏来实现,基本上任何一个完整的小程序都会存在一个导航栏,小程序上官方文档要求 tabBar 中的 item 最少为两个,最多为五个。tabBar 标签栏配置可用于实现不同一级页面之间的快速任意切换,其本质实际上就是对若干一级页面的入口链接。

首先需要为每一个 Tab 准备两个 icon 图,分别对应这个 Tab 默认的时候使用的 icon

图和它被选中的时候使用的 icon 图(icon 图标可在网站 http://tool.58pic.com/tubiaobao/index.php 里找到)。

在 app.json 文件中添加如下代码。

```
"tabBar": {
    "list": [
        {
            "text": "关于",
            "pagePath": "pages/about/about",
            "iconPath": "images/icons/about.png",
            "selectedIconPath": "images/icons/selectedAbout.png",
        },
        {
            "text": "优惠促销",
            "pagePath": "pages/promotion/promotion",
            "iconPath": "images/icons/promotion.png",
            "selectedIconPath": "images/icons/selectedPromotion.png"
        },
        {
            "text": "联系我们",
            "pagePath": "pages/about/about",
            "iconPath": "images/icons/helpCenter.png",
            "selectedIconPath": "images/icons/selectedHelpCenter.png"
        }
    ]
}
```

上述代码中的"iconPath""selectedIconPath"分别表示默认的 icon 图和选中之后的 icon 图,编译后的运行效果如图 5.21 所示。

图 5.21 tabBar 的运行效果

但是当单击"优惠促销"文本时,navigator 元素跳转界面却没反应了,这是为什么呢?在 app.json 中,通过 list 的第一个对象,将 about 页设置成了第一个 Tab 所链接到的页面,在 about 页面中单击 navigator 元素,此时不仅底部标签栏也做一个切换,切换到 promotion 页所对应的第 2 个 Tab,此时 navigator 元素中 open-type 的取值就不能是默认的 navigate,而应该是一个特殊的取值叫 switchTab。open-type 的有效取值如表 5.7 所示。

表 5.7 open-type 的有效取值

属 性 名	说 明
navigate	保留当前页面,跳转到应用内的某个页面
redirect	关闭当前页面,跳转到应用内的某个页面
reLaunch	关闭所有页面,打开到应用内的某个页面
switchTab	跳转到 tabBar 页面,并关闭其他所有非 tabBar 页面

单击之后,实际上包含两个操作,第一个操作就是页面的跳转,第二个操作是底部 tabBar 的切换,此时跳转之后的显示界面如图 5.22 所示。跳转界面 promotion 的 WXML

与 WXSS 的代码分别为：

```
<view class = "pContainer">
  <text>优惠推荐</text>
  <image class = "dessert" src = "/images/Celavi-Sling Bombe-Alaska.jpg"></image>
  <text>Singapore Sling Bombe-Alask</text>
</view>
```

及

```
.dessert{
  width:375rpx;
  height:281rpx;
}

.pContainer{
  background-color: rgb(233, 227, 227);
  height:100vh;
  display:flex;
  flex-direction: column;
  align-items:center
}
```

图 5.22　跳转页面显示效果

5.6.3　数据绑定——从视图中抽离出数据

前面讲到的 about 页和 promotion 页，在两个页面的 WXML 代码中，相关的数据都是进行直接硬编码的，也就是数据直接在页面代码中进行赋值，硬编码数据适合于静态的数据。但实际应用中，更多的则是一些动态数据，如 promotion 页中的优惠推荐，在不同的时间节点，优惠商品是会发生变化的，如果采取硬编码方式，则需要频繁修改 WXML 代码，重新打包上传发布。甚至有些数据在编码的时候是无法获知的，需要在小程序运行过程中，动态地从服务器端去获取，然后再渲染输出到这个视图中进行显示。因此，应该提供一种机制能够让这个视图中的每一个部分与对应的数据做一个映射以便获取动态数据。

在小程序框架中，每个页面所需要的各种数据，都是集中在这个页面所注册的页面对象中集中定义的。每个页面都是在其对应的脚本文件中通过调用 Page 函数来给这个页面注册它所需要的页面对象。在页面对象中，通过 data 属性来定义该页面所需要的各种数据。

为了演示动态数据获取效果，先在 promotion.js 中添加如下代码。

```
Page({
  data:{
    promotionRecommend:{
      name:"Frozen Mochi",
      imagePath:"/images/Celavi-Frozen-Mochi.jpg"
    },
    count:123
  }
})
```

代码中的 promotionRecommend 数据代表了当前页面的一个内部状态,相当于该页面的内部状态变量。也可以再增加一个内部状态变量(数据)count,记录当前该推荐商品可供售出的份数。

接下来的问题是,数据定义后,如何将其绑定输出到视图中去? 要把 count 的值渲染输出到视图页面上显示,需要通过一个双大括号进行数据绑定。在 promotion.wxml 中,可以将 count 变量绑定在 text 的内容上,如< text >此商品还剩{{count}}份可以售出</text >,此为最简单的一种数据绑定形式。

还有一些复杂的数据绑定,可以对内部状态变量进行一些运算或者进行一些组合来输出显示。比如在 promotion.js 的 data 中再增加一个评分的内部状态数据 score,然后在 promotion.wxml 视图文件中渲染输出。

< text >该商品用户评价打分:{{(score>=60)?"及格":"不及格"}}</text >

下面再来看下 promotion.js 中的数据 promotionRecommend 如何在视图文件中渲染输出,代码如下。

< image src = '{{promotionRecommend.imagePath}}'></image >
< text >{{promotionRecommend.name}}</text >

提示:在开发者工具的调试器 AppData 中,可以很方便地对每个页面所包含的内部状态数据进行查看和调试,不仅可以查看这些内部状态变量,还可以修改它们,修改后在视图上就会有自动更新的效果,如图 5.23 所示。

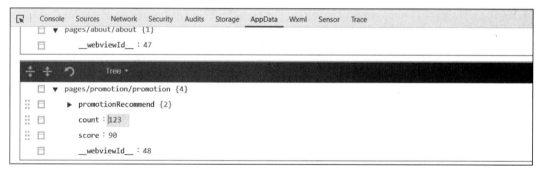

图 5.23　在 AppData 中查看内部变量数据

5.6.4　条件渲染

条件渲染指条件成立时组件才渲染生成,本节主要介绍以下两个方面的内容。
(1) wx:if 属性的使用。
(2) 条件渲染 wx:if 与使用 hidden 属性的区别。

先在 promotion.js 中添加一个表示是否强烈推荐的内部状态变量 isHighlyRecommended,对于那些客户真正强烈推荐的商品,显示一个强烈推荐的红色标记。

然后在 promotion.wxml 文件中,定义"强烈推荐"的 text:

< text style = "font - size:16px;color:red;">强烈推荐</text >

现在的需求是：根据实际返回的数据中的 isHighlyRecommend 是否为 true 来决定它是否要渲染生成。

此时可通过 wx:if 属性做数据绑定来实现。

```
< text wx:if = "{{promotionRecommend.isHighlyRecommended}}"
            style = "font - size:16px;color:red;">强烈推荐</text >
```

这段代码表示，该 text 元素渲染生成的条件绑定到 promotionRecommend.isHighlyRecommended 属性上，根据该属性的值来决定是否渲染。

那么使用条件渲染与 hidden 属性有何区别？如以下代码使用的是 hidden 属性：

```
< text hidden = "{{!promotionRecommend.isHighlyRecommended}}"
            style = "font - size:16px;color:red;">强烈推荐</text >
```

从语义上讲，使用 hidden 属性时，该元素总是要被渲染生成的（**可从调试器的 WXML 标签观察生成的节点树**），Hidden 属性只是控制了其可见性而已，如图 5.24 所示。

图 5.24　WXML 标签节点树

5.6.5　列表渲染

假如推荐列表中有多款商品，如何实现将对象数组中的多个商品对象渲染输出到视图页面中？

首先在 promotion.js 中将原来的 promotionRecommend 单个商品修改为列表商品的数组 promotionRecommendList，然后补充以下一些商品信息，代码如下。

```
Page({
  data:{
    promotionRecommendList:[
      {
        name:"Frozen Mochi",
        price:"￥59.9 元起",
```

```
        imagePath:"/images/Celavi-Frozen-Mochi.jpg",
        isHighlyRecommended:true
      },
      {
        name:"Hokkaido Scallop & Oyster Ceviche",
        price:"￥199.9元起",
        imagePath: "/images/Celavi-Hokkaido Scallop & Oyster Ceviche.jpg",
      },
      {
        name: "Rose&Watermelon Petit Gateau",
        price: "￥169.9元起",
        imagePath: "/images/celavi-Rose&Watermelon Petit Gateau.jpg",
      },
    ]
  }
})
```

第一种是最简单、实现起来最直接的方法，就是将 promotionRecommendList 商品列表中的数据一个个依次输出，promotion.wxml 中的相应代码为：

```
<view class="pContainer">
  <view>
    <image class="dessert" src='{{promotionRecommendList[0].imagePath}}'></image>
    <text>{{promotionRecommendList[0].name}}</text>
    <text>{{promotionRecommendList[0].price}}</text>
    <text wx:if="{{!promotionRecommendList[0].isHighlyRecommended}}"
                    style="font-size:16px;color:red;">强烈推荐</text>
  </view>

  <view>
    <image class="dessert" src='{{promotionRecommendList[1].imagePath}}'></image>
    <text>{{promotionRecommendList[1].name}}</text>
    <text>{{promotionRecommendList[1].price}}</text>
    <text wx:if="{{!promotionRecommendList[1].isHighlyRecommended}}"
                    style="font-size:16px;color:red;">强烈推荐</text>
  </view>

  <view>
    <image class="dessert" src='{{promotionRecommendList[2].imagePath}}'></image>
    <text>{{promotionRecommendList[2].name}}</text>
    <text>{{promotionRecommendList[2].price}}</text>
    <text wx:if="{{!promotionRecommendList[2].isHighlyRecommended}}"
                    style="font-size:16px;color:red;">强烈推荐</text>
  </view>
</view>
```

以上代码运行渲染出的效果如图 5.25 所示。

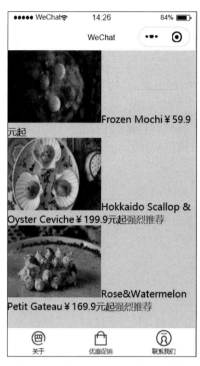

图 5.25 商品列表依次输出的效果

在实际开发中,这种输出方式不够灵活,因为在页面初始加载的时候,可能还不知道 server 端会返回多少个列表对象,WXML 中不知道要重复编写多少个这样的 view 结构代码,或者商品列表的个数会发生动态变化,此时这种依次输出的方式就不再适用,而需要采用程序设计中的循环控制思想,在视图中添加可以循环的控制结构,让框架可以自动对组件进行重复的渲染生成。

实现方法:将 view 元素的 wx:for 属性绑定到对应的数组上,此时 view 元素针对绑定数组中的每一个值都将重复地渲染生成一次。在 view 元素的结构代码中,通过内置的 item 循环控制变量来直接访问到本次所遍历到的数组中的值是哪一个值。

```
<view wx:for = "{{promotionRecommendList}}">
    <image class = "dessert" src = '{{item.imagePath}}'></image>
    <text>{{item.name}}</text>
    <text>{{item.price}}</text>
    <text wx:if = "{{!item.isHighlyRecommended}}" style = "font-size:16px;color:red;">
        强烈推荐</text>
</view>
```

上述代码中,将 view 元素的 wx:for 属性与对象数组 promotionRecommendList 进行绑定,通过 item 内置循环控制变量来对对象数组中的每一个元素进行遍历访问。可以发现,通过引入 wx:for 列表循环渲染,代码更加简洁,结构更为清晰。

如果要在视图中展示遍历到的促销商品的序号,则需要使用另一个循环控制变量 index(该变量在 promotion.js 数据 data 中定义,并初始化为 0),即当前所遍历到的 item 值在数组中的下标,代码如下。

```
<text>第{{index + 1}}款:{{item.name}}</text>
```

图 5.25 中的图片文字排版布局有点儿乱,需要在此基础上做相应调整,使得图片文字分开居中显示,输出效果如图 5.26 所示。

原有 promotion.wxml 中的代码调整如下。

```
<view wx:for = "{{promotionRecommendList}}">
    <view class = "dessert">
```

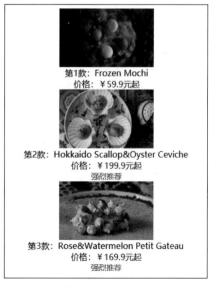

图 5.26 改造后的列表渲染显示效果

```
            < image class = "image" src = '{{item.imagePath}}'></image >
          </view >
          < view class = "promotion - details">
            < text style = "font - size:13px;">第{{index + 1}}款: {{item.name}}</text >
          </view >
          < view class = "promotion - details">
            < text style = "font - size:13px;color:blue">价格: {{item.price}}</text >
          </view >
          < view class = "promotion - details">
            < text wx:if = "{{!item.isHighlyRecommended}}" style = "font - size:12px;color:red;">
                                                               强烈推荐</text >
          </view >
        </view >
```

promotion.wxss 中的样式调整如下。

```
.dessert{
  display:flex;
  flex - direction: row;
  justify - content: center;
  flex - wrap:wrap
}
.image{
  width:350rpx;
  height:210rpx;
}
.promotion - details{
  display:flex;
  justify - content: center;
  align - items: center
}
```

其中，dessert 样式用于实现对象数组中促销商品图片的居中显示；image 样式用于重新定义渲染显示的图片尺寸大小；promotion-details 样式用于实现每一个商品详细文字信息的居中显示。

5.7 数 据 更 新

逻辑层数据的更新操作需要在视图层能正确显示，微信小程序提供 this.setData 函数用于实现这一功能。为介绍该函数的用法，我们可以编写一些小的测试代码来进行讲解。

首先在编辑器目录树 pages 中新建一个目录，命名为 helpCenter，然后依次新建 helpCenter.js、helpCenter.json、helpCenter.wxml、helpCenter.wxss 四个文件，并在 app.json 文件中的 pages 对象数组中添加"pages/helpCenter/helpCenter"页面信息。同时还需将 app.json 文件中 tabBar 的 list 中"联系我们"关联的 pagePath 修改为我们新增的页面，相应代码为：

```
{
  "text":"联系我们",
```

```
"pagePath": "pages/helpCenter/helpCenter",
"iconPath": "images/icons/helpCenter.png",
"selectedIconPath": "images/icons/selectedHelpCenter.png"
}
```

此时,当单击"联系我们"时,除了按钮图像会发生变化外,只有一个空白页面,需要往此空白页面中添加相应内容,以此来介绍逻辑层与视图层数据同步更新如何实现。

首先在 helpCenter.wxml 中新增一个 text 元素,它的内容绑定到内部状态变量 accessCount 上,该变量在 helpCenter.js 中 data 域进行定义,并初始化为 0,用于记录该页面被访问到的次数。

```
<view class = "container">
  <text>该服务中心页面被访问{{accessCount}}次</text>
  <button type = "primary" bindtap = 'f0' size = "mini">Show Access Count</button>
</view>
```

其中,button 按钮用于对 accessCount 变量的取值进行显示输出。单击 Show Access Count 这个 button 按钮的代码在 helpCenter.js 中添加,如下。

```
f0:function(event){
    console.log(this.data.accessCount)
}
```

此处是用于读取内部状态变量 accessCount 的值,运行效果如图 5.27 所示。

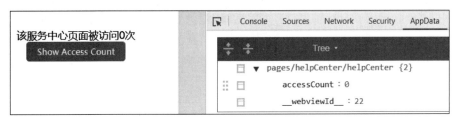

图 5.27 数据更新测试页面 1

以上代码是读取 data 中的 accessCount 变量的值并将其结果在 helpCenter.wxml 页面中渲染出来,如果是写 accessCount 变量该如何实现呢?比如现在要将 accessCount 变量的值递增 1,在 helpCenter.js 中将触发函数 f0 的代码修改为:

```
f0:function(event){
    this.data.accessCount = this.data.accessCount + 1
}
```

分析图 5.28 可以发现,在 AppDaa 中,accessCount 的值随着单击次数的增加,该内部状态变量的值也发生了改变,但是视图层 WXML 界面的 accessCount 的值仍为初始化时定义的值 0,这是怎么回事呢? 视图层的数据并没有同步更新为逻辑层的内部状态变量的值。

因此,这种试图通过对内部状态变量的直接赋值来实现变量值写入的方式是不能让这个框架自动更新到对应的视图部分的。同时还存在一个问题,就是当单击 Show Access Count 按钮后,AppData 标签并不能实时看到 accessCount 值的更新,此时需要单击一下其他的标签再回到 AppData 标签,才会看到 accessCount 被更新后的值。

正确的实现内部状态变量赋值并自动渲染到视图层的方式是使用小程序提供的 this.setData()方法。

图 5.28　数据更新测试页面 2

将 helpCenter.js 中的相应代码修改为:

```
f0:function(event){
  this.setData({
    accessCount: this.data.accessCount + 1
  })
}
```

重新编译运行,显示结果如图 5.29 所示。

图 5.29　数据更新测试页面 3

可以发现,不管是在渲染页面 helpCenter.wxml 中的文字部分,还是在 AppData 中,内部状态数据的改变均实现了同步更新。

通过 this.setData()函数的调用,就是告诉框架,希望它来完成 accessCount 状态数据的更新,并且在更新完成之后,要让框架来通知这个视图层,对它所绑定到的这个内部状态变量的相关部分进行视图的更新。

this.setData 方法不仅可以更新一个已有的内部状态变量的取值,而且可以根据需要动态地来新增一个内部状态变量,也可以实现对内部状态数据中的某一小部分数据进行局部的更新。如在 helpCenter.wxml 中新增一个按钮"获取电子邮件信息",当被单击时显示联系方式中的电子邮件,在该文件中添加以下代码。

```
<button type="primary" bindtap='f1' size="mini">获取电子邮件信息</button>
<text s>电子邮件: {{email}}</text>
```

然后在 helpCenter.js 中添加"获取电子邮件信息"按钮的触发函数代码。

```
f1: function (event) {
    this.setData({
```

```
        email: "celavi@gmail.com",
    })
}
```

上述代码 this.setData 函数中新增一个内部状态变量 email,该变量未在 data 中进行定义,通过 this.setData 函数定义并赋值。增加这两段代码运行后的初始界面及结果界面分别如图 5.30 和图 5.31 所示。

图 5.30　数据更新测试页面 4

图 5.31　数据更新测试页面 5

5.8　页面间跳转的实现机制

除了前面介绍的使用 <navigator> 标签跳转之外,小程序还提供 JS 事件跳转方式。

1. wx.navigateTo(Object)

API 中的导航 **wx.navigateTo(Object)** 功能,是保留当前页面,跳转到应用内的某个页面,但是不能跳到 tabBar 页面。使用 wx.navigateBack 即可以返回到原页面,小程序页面栈最多 10 层。其参数 Object 说明如表 5.8 所示。

表 5.8　wx.navigateTo(Object) 参数说明

参　　数	类　　型	必　　填	说　　明
url	string	是	需要跳转的应用内非 tabBar 的页面路径,路径后可以带参数。参数与路径之间使用"?"分隔,参数键与参数值用"="相连,不同参数用"&"分隔,如 'path?key=value&key2=value2'
events	object	否	页面间通信接口,用于监听被打开页面发送到当前页面的数据
success	function	否	接口调用成功的回调函数
fail	function	否	接口调用失败的回调函数
complete	function	否	接口调用结束的回调函数(调用成功、失败都会执行)

2. wx.redirect(Object)

关闭当前页面,跳转到应用内的某个页面。但是不允许跳转到 tabBar 页面,其参数说明如表 5.9 所示。

表 5.9　wx.redirectTo(Object)参数说明

参　　数	类　　型	必　　填	说　　明
url	string	是	需要跳转的应用内非 tabBar 的页面路径，路径后可以带参数。参数与路径之间使用"?"分隔，参数键与参数值用"="相连，不同参数用"&"分隔，如 ' path? key = value&key2 = value2'
success	function	否	接口调用成功的回调函数
fail	function	否	接口调用失败的回调函数
complete	function	否	接口调用结束的回调函数(调用成功、失败都会执行)

3. wx.switchTab(Object)

跳转到 tabBar 页面，并关闭其他所有非 tabBar 页面，其参数说明如表 5.10 所示。

表 5.10　wx.switchTab(Object)参数说明

参　　数	类　　型	必　　填	说　　明
url	string	是	需要跳转的 tabBar 页面的路径(需在 app.json 的 tabBar 字段定义的页面)，路径后不能带参数
success	function	否	接口调用成功的回调函数
fail	function	否	接口调用失败的回调函数
complete	function	否	接口调用结束的回调函数(调用成功、失败都会执行)

我们在 promotion.wxml 中修改得到如下代码。

```
< view wx:for = "{{promotionRecommendList}}">
    < view class = "dessert" bindtap = "f1">
        < image class = "image" src = '{{item.imagePath}}'></image>
    </view>
    < view class = "promotion - details">
        < text style = "font - size:13px;">第{{index + 1}}款：{{item.name}}</text>
    </view>
    < view class = "promotion - details">
        < text style = "font - size:13px;color:blue">价格：{{item.price}}</text>
    </view>
    < view class = "promotion - details">
        < text wx:if = "{{!item.isHighlyRecommended}}" style = "font - size:12px;color:red;">
                                                         强烈推荐</text>
    </view>
</view>
```

上述代码中的粗体字部分 **bindtap**=**"f1"** 即为添加代码，即当单击该 view 组件时，触发函数 f1，也即相当于单击 image 组件中的图片时，触发 f1。而函数 f1 在 promotion.js 中定义：

```
f1:function(event){
    wx.navigateTo({
      url:"/pages/details/details"
    })
}
```

跳转目标 details 为新建的一个界面，其 details.wxml 代码为：

< view class = "container">
  < text bindtap = "f2">这是一个显示促销商品详细信息的页面</text>
</view>

其中，text 组件的触发函数 f2，用于当用户单击到该文本时跳转回原来界面。f2 函数在 details.js 中定义。

```
Page({
  f2:function(event){
    wx.navigateBack({
    })
  }
})
```

对上述代码简单分析后不难发现，不管单击对象数组中的哪一个 image，跳转页面的显示结果都一样。也即当用户单击图 5.32 中任何一幅图片，跳转的页面都是图 5.33 的显示效果。

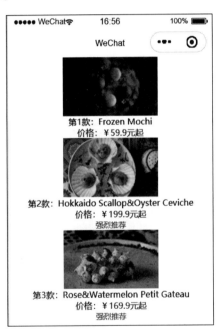

图 5.32　列表渲染显示结果

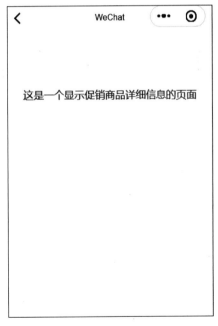

图 5.33　跳转页面显示效果

如果想要实现这种跳转效果，即在单击某个特定促销商品图片的时候，弹出与该商品相对应的详细信息，而不是同一个页面，该如何实现？

首先需要在 promotion.js 中对 promotionRecommendList 中的每一个对象新增一个 id，分别对应每一个商品的唯一 id 标识符，例如：

```
promotionRecommendList:[
{
  name:"Frozen Mochi",
```

```
      price:"￥59.9元起",
      imagePath:"/images/Celavi-Frozen-Mochi.jpg",
      isHighlyRecommended:true,
      id:10
    },
    {
      name:"Hokkaido Scallop&Oyster Ceviche",
      price:"￥199.9元起",
      imagePath: "/images/Celavi-Hokkaido Scallop & Oyster Ceviche.jpg",
      isHighlyRecommended: false,
      id: 11
    },
    {
      name: "Rose&Watermelon Petit Gateau",
      price: "￥169.9元起",
      imagePath: "/images/celavi-Rose&Watermelon Petit Gateau.jpg",
      isHighlyRecommended: true,
      id: 12
    },
]
```

可以在视图页面中通过代码：

```
<text>{{item.id}}</text>
...
```

将该 id 展示出来。

接下来的任务是，如何在每一个 view 元素被单击的时候，将该商品的 id 值传递给对应的事件处理函数来处理？

实现方法：在 view 元素上定义一个对应的自定义数据属性（data-的方式）来记录该促销商品的 id：

```
<view class="dessert" bindtap="f1" data-promotion-id="{{item.id}}">
```

然后在 promotion.js 中将 f1 的代码修改为：

```
f1:function(event){
    var promotionId = event.currentTarget.dataset.promotionId
        wx.navigateTo({
            url: '/pages/details/details?id=' + promotionId,
    })
}
```

注意：

（1）上述代码中的 data-promotion-id 为微信小程序特有的自定义属性设置，其语法为以 data-开头。

（2）如果写成 data-promotionid = "{{item.id}}"，或为 data-PROMOTIONID = "{{item.id}}"，在获取值时都为：

```
event.currentTarget.dataset.postid
```

即不管 data-后跟字符大小写,都将转换为小写。

(3) 如果写成 data-name-id 这种形式,在获取值的时候会自动去掉连字符,以驼峰方式去获取,变为 nameId,这就解释了上述代码中变量获取为什么是 promotionId,而不是其他形式。经实测,如果将

var promotionId = event.currentTarget.dataset.promotionId

中的 event.currentTarget.dataset.promotionId 改为 event.currentTarget.dataset.promotionid,控制台会输出 undefined 错误信息。写成其他形式均会报错。

(4) 上述代码中的 currentTarget 指当前单击的对象,dataset 是指自定义属性的集合。

以上代码运行后,当用户单击不同 view 组件中的图片对象时,控制台会输出相应的 id 值,如图 5.34 所示。

图 5.34　控制台输出不同 view 标签的 id 信息

上述代码中的 url:'/pages/details/details? id=' + promotionId 用于获取完整的跳转 URL,下面深入探讨完整 URL 的获取方式。

当 details 页被打开的时候,需要有一种机制,能知道在对应的**完整的 URL** 中被指定的 id 参数是多少。小程序框架在每次以这样完整 URL 的方式打开 details 页时,会首先调用 details 页注册的 onload 生命周期函数来对 details 页进行初始化,将"?"后面的 querystring 中的每个参数值进行解析,组合成一个对应的 JavaScript 对象,将该对象作为实参值传递给 onload 方法。

下面在 details.js 页面中添加如下代码。

```
Page({
  onLoad:function(options){
    console.log(options.id)
  },
```

假如用户单击的是 promotion.wxml 中的第一个 view 标签,也就是 id=10 的促销商品,此时绑定事件触发函数 f1,其完整代码为:

```
f1:function(event){
    var promotionId = event.currentTarget.dataset.promotionId
    wx.navigateTo({
        url:'/pages/details/details?id=' + promotionId,
    })
}
```

触发函数 f1 先通过事件对象 event 获取到当前元素，也就是当前图片(id=10)自定义的这个数据属性 promotionId 的取值(10)，以附带 id 为 10 的这样一个完整的 URL 来打开 details 页。

注意：这里梳理一下 promotion 页面与 details 页面关于 promotionId 变量的访问问题。promotion 与 details 是同一个小程序项目的两个不同页面，promotion 页面通过以下代码：

```
<view class = "dessert" bindtap = "f1">
    <image class = "image" src = '{{item.imagePath}}'></image>
</view>
```

在 view 组件中绑定了一个 f1 函数，该 f1 函数在 promotion.js 中定义，用于相应 view 组件单击时触发的事件，通过以下代码：

```
wx.navigateTo({
    url: '/pages/details/details?id = ' + promotionId,
})
```

将两个页面关联起来，也即 promotion 页面通过 url：'/pages/details/details? id = ' + promotionId 语句指定其跳转页面为 details，details 是 promotion 的跳转目标页面。

小程序框架以这样一个完整的 URL 来打开 details 页，首先会将其中包含的 id=10 的 querystring 解析成一个 **options** 参数对象，然后调用 **details** 页，在对应的 **Page Object** 中定义 **Onload** 生命周期函数，并且给这个 **Onload** 生命周期函数传入一个刚才解析出来的 **Options 参数对象**。Onload 函数在执行的过程中会将 options 中的 id 参数的取值打印出来。

```
Page({
  onLoad:function(options){
    console.log(options.id)
  }
})
```

这样一来，details 页在初始化的时候就能够获得它本次被打开时被指定的 promotionId 的值，也就是说，通过这种机制，details 页面获取了一个不在该页面中定义的外部变量的值。当然也可以在 details.js 文件中定义一个该文件本身的内部状态数据变量 pid，用于存放 promotion 页面传递过来的 promotionId 的值。

```
//details.js
Page({
  data:{
    pid:0
  },
  …
})
```

然后在 details 页面的 onLoad 函数中，采用 this.setData 函数对该页面的内部变量 pid 进行赋值。

```
//details.js
onLoad:function(options){
    //console.log(options.id)
    this.setData({
        pid:options.id
    })
},
```

可以发现,URL 中获取到的参数 promotionId＝11 成功保存到了 pid 内部变量中,如图 5.35 所示。

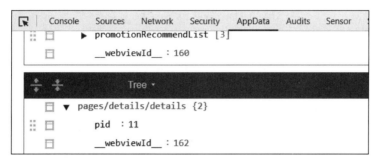

图 5.35　跳转目标页面 details 获取 promotion 页面传递过来的变量值

该 promotionId 也可以在之后的 details 页的视图渲染中,以数据绑定的方式进行渲染输出,如图 5.36 所示。

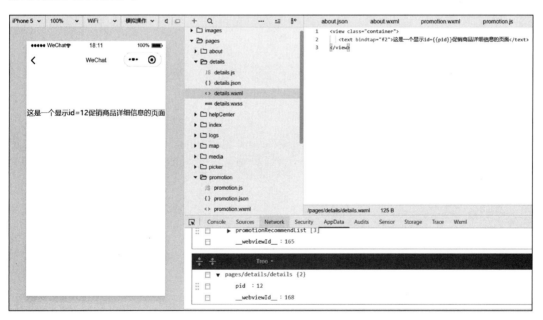

图 5.36　details 页面接收到 promotion 页面传递过来的变量并渲染显示

思 考 题

1. 小程序生命周期函数有哪些？触发的条件分别是什么？

2. 如果要实现图5.18中图片在左边显示，文字在右边显示的效果，如何定义WXSS样式文件？在WXML文件中如何布局？

3. 本章中关于页面信息的配置都是静态配置，如果页面数据需要在运行时动态地从服务器上获取，如何在小程序中动态地设置页面的标题？

4. 思考规划设计的小程序应用服务项目需要定义几个页面？页面之间如何实现跳转链接？需要用到几个tabBar？并在小程序开发工具中予以实现。

第 6 章　小程序云开发解决方案

微信小程序云开发解决方案（https://cloud.tencent.com/solution/la）是腾讯云和微信团队联合开发，集成于小程序控制台的原生 serverless 云服务，为开发者提供完整的云端支持，弱化后端和运维操作，核心功能包括云存储、云数据库和云函数，通过使用平台原生 API 进行核心业务开发，实现快速上线和迭代。

云开发解决方案具有以下优势。

（1）微信生态独有优势。

原生集成于微信 SDK，实现了同平台无缝对接，并打通了小程序账户和腾讯云账户，使用户可以进行一站式操作。

（2）稳定可靠。

小程序云开发可以满足不同业务场景和需求，架构更加健壮，开发者无须关心服务资源的运行状况，从而免去版本更新、故障处理等运维操作。

（3）高效开发。

开发者只需编写核心逻辑代码，而无须理解底层配置，可以实现自动部署，从而提升了独立开发和迭代的速度。

（4）节约成本。

开发者无须采购专门的服务器、对服务器进行部署及运维服务器，开发平台采取按请求数和资源的运行时间收费方式，极大地节约了开发者的时间和财力。

6.1　云开发简介

6.1.1　什么是云开发

由于小程序本身数据存储能力有限，一般情况下都不可能将大量数据存放在客户端，因此大多数小程序都需要一个服务端。所谓云开发，就是将服务端的功能封装起来，向客户端提供 API。小程序·云开发是由微信与腾讯云联合开发的原生 serverless 云服务，具备简化运维、高效鉴权等优势，它为开发者提供包含云函数、云数据库和云文件存储能力的后端云服务。

6.1.2　云开发提供能力概览

1. 代码执行能力

代码执行能力代表的是云函数，云函数为用户提供了在云端运行的代码，同时支持微信私有协议天然鉴权，开发者只需要根据自己项目需求编写自身业务核心逻辑代码，而不需要理解云函数的底层配置，即可完成具体的业务逻辑。

2. 数据存储能力

云开发为用户提供一组数据库，该数据库既可以在小程序前端操作，也可以在云函数中进行读写，该数据库是一个 JSON 数据库，对开发者而言十分友好。

3. 文件存储能力

云开发为用户提供云存储能力，能够在小程序前端直接上传/下载云端文件，还支持在云开发控制台进行可视化管理。

6.1.3 小程序·云开发主要基础能力

云开发提供的基础能力支持如表 6.1 所示，包括云函数、数据库、存储，以及云调用。

表 6.1 云开发主要基础能力支持

能力	作用	说明
云函数	无须自建服务器	在云端运行的代码，微信私有协议天然鉴权，开发者只需关注自身业务逻辑代码
数据库	无须自建数据库	既可在小程序前端操作，也可在云函数中进行读写
存储	无须自建存储和 CDN	在小程序前端直接上传/下载云端文件，在云开发控制台可进行可视化管理
云调用	原生微信服务集成	基于云函数免鉴权使用小程序开放接口的能力，包括服务端调用、获取开放数据等能力

6.1.4 数据库基础能力解读

云开发提供的数据库是一个具备了完整的增、删、查、改功能的 JSON 数据库，数据中的每一条记录都是一个 JSON 格式的对象，一个数据库可以有多个集合（类似于传统关系数据库中的表结构 Table），集合可被看作一个 JSON 数组，数组中的每个对象就是一条记录，记录的格式是 JSON 对象。

如何看待云开发数据库？和传统的关系数据库有什么不同？

在传统的关系数据库中，数据库称为 database，云开发中的数据库也被称为 database，到更细致的层面，一些称谓就发生了变化，如表 6.2 所示。

表 6.2 传统关系数据库和云开发 JSON 数据库相关概念对照

MySQL 等关系数据库	云开发文档型 JSON 数据库
数据库 database	数据库 database
表 table	集合 collection
行 row	记录 record/doc
列 column	字段 field

云开发数据库中使用不同的集合 collection 去表示传统关系数据库中的表 table；传统数据库中采用行 row 区分每一个记录，而在云数据库中则使用记录 record/doc；同样，用字段 field 来代替传统数据库中的列 column。

在这里，以前面几个章节用到的数据为例，介绍 JSON 数据库的用法。在前面的示例代

码中,是通过在页面 JS 文件中 Page 的 data 中对数据对象进行定义,例如:

```
Page({
  data:{
    promotionRecommendList:[
      {
        name:"Frozen Mochi",
        price:"￥59.9 元起",
        imagePath:"/images/Celavi-Frozen-Mochi.jpg",
        isHighlyRecommended:true,
        id:10
      },
      {
        name:"Hokkaido Scallop&Oyster Ceviche",
        price:"￥199.9 元起",
        imagePath: "/images/Celavi-Hokkaido Scallop & Oyster Ceviche.jpg",
        isHighlyRecommended: false,
        id: 11
      },
      {
        name: "Rose&Watermelon Petit Gateau",
        price: "￥169.9 元起",
        imagePath: "/images/celavi-Rose&Watermelon Petit Gateau.jpg",
        isHighlyRecommended: true,
        id: 12
      },
    ]
  },
  …
})
```

现在创建一个 desserts 集合(在云开发控制台中创建,后续章节将会详细介绍),用于存放上面示例代码中的商品信息。

```
[
  {
    _id:"06bbc904-4115-4f09-ab12-bede2a60938a",
    _openid:" ok0_15cHFAw4NlzQZsI1Z7jnHzNk",
    name:"Frozen Mochi",
    price:"￥59.9 元起",
    imagePath:"/images/Celavi-Frozen-Mochi.jpg",
    isHighlyRecommended:true,
    id:10
  },
  {
    _id:" 2c94992a5da2e83904159acc5a1bc533",
    _openid:" ok0_15cHFAw4NlzQZsI1Z7jnHzNk",
    name:"Hokkaido Scallop&Oyster Ceviche",
    price:"￥199.9 元起",
    imagePath: "/images/Celavi-Hokkaido Scallop & Oyster Ceviche.jpg",
    isHighlyRecommended: false,
```

```
            id: 11
        },
        {
            _id:" 9e349581-47fb-44ba-9456-2217c710078b",
            _openid:" ok0_15cHFAw4NlzQZsI1Z7jnHzNk",
            name: "Rose&Watermelon Petit Gateau",
            price: "￥169.9 元起",
            imagePath: "/images/celavi-Rose&Watermelon Petit Gateau.jpg",
            isHighlyRecommended: true,
            id: 12
        }
    ]
```

在 desserts 信息中，用 name 来记录某一款甜品的名称，用 price 来记录它的价格，imagePath 记录该甜品图片位置，这几个字段都是字符串型；isHighlyRecommended 是一个 Bool 类型的字段，用于记录该款甜品是否是强烈推荐，如果"是"，则置该字段为 true；最后一个字段为整型的 id，用于记录该款甜品的 id 编号。在其中可以看到，字段可以是字符串，也可以是数字，还可以是布尔类型表示真假的逻辑值，甚至在一些应用场合，还可以是对象或数组。

除以上主要字段信息外，可以发现，每条记录另外都还有一个_id，该字段用以唯一标识一条记录；一个_openid 字段用以标识记录的创建者，即小程序的用户；不同记录拥有不同的_id 值，但_openid 则具有相同的值。需要注意的是，在管理端（云开发控制台和云函数）中创建的记录不会自动生成_openid 字段，因为这是属于管理员创建的记录，如果是在前端通过程序代码在某一个集合中插入一条新的记录，则会自动生成_openid 字段的信息，这一点在后续章节中将会详细介绍。开发者可以自定义_id，但不可自定义和修改_openid。_openid 是在文档创建时由系统根据小程序用户默认创建的，开发者可使用其来标识和定位文档。

数据库 API 分为小程序端和服务端两部分，小程序端 API 拥有严格的调用权限控制，开发者可在小程序内直接调用 API 进行非敏感数据的操作，更多的数据交互也都是通过这一方式完成的。对于有更高安全要求的数据，可在云函数内通过服务端 API 进行操作。云函数的环境是与客户端完全隔离的，在云函数上可以私密且安全地操作数据库。

数据库 API 包含增、删、改、查（即 CRUD，分别是 Create、Read、Update、Delete）的能力，使用 API 操作数据库只需三步：获取数据库引用、构造查询/更新条件、发出请求。以下是一个在小程序中查询数据库名称为 Tiramisu 的甜品记录的例子。

```
// 1. 获取数据库引用
const db = wx.cloud.database()
// 2. 构造查询语句
// collection 方法获取一个集合的引用
// where 方法传入一个对象，数据库返回集合中字段等于指定值的 JSON 文档. API 也支持高级的查
//询条件(比如大于、小于、in 等)，具体见文档查看支持列表
// get 方法会触发网络请求，从数据库取数据
db.collection('desserts').where({
    name: 'Tiramisu'
}).get({
```

```
      success: function(res) {
        // 在 Console 控制台输出查询到的记录信息
        console.log(res)
      }
    })
```

更多的有关数据库的操作将在后续章节再进行介绍。

6.1.5 文件存储能力解读

文件存储能力是云开发为用户提供了一个免费的 5GB 的文件存储空间,并提供了上传文件到云端和有权限下载的云端下载能力,还提供了可视化管理的界面。可通过云开发的管理控制台来对文件进行管理,如图 6.1 所示。

图 6.1　云开发控制台进行文件管理

在小程序端可以分别调用 wx.cloud.uploadFile 和 wx.cloud.downloadFile 完成上传和下载云文件操作。下面简单的几行代码,即可实现在小程序内让用户选择一张图片,然后上传到云端管理的功能。

```
// 让用户选择一张图片
wx.chooseImage({
  success: chooseResult => {
    // 将图片上传至云存储空间
    wx.cloud.uploadFile({
      // 指定上传到的云路径
      cloudPath: 'my-photo.png',
      // 指定要上传的文件的小程序临时文件路径
      filePath: chooseResult.tempFilePaths[0],
      // 成功回调
      success: res => {
        console.log('上传成功', res)
      },
    })
  },
})
```

上传完成后可在控制台中看到刚上传的图片。

6.1.6 云函数能力解读

云函数为用户提供了在云端运行一段代码的能力,开发者无须管理服务器,就可以执行自己项目需要的业务逻辑。

云函数还封装了专门用于云函数内获取的上下文,开发者无须编写复杂的鉴权逻辑,即可获取天然可信任的用户登录态。

有一点需要说明的是,云函数目前仅支持 Node.js 环境。

Node.js 就是运行在服务端的 JavaScript。

6.2 如何结合腾讯云开发小程序

腾讯提供的云服务,为小程序的开发提供了很多的技术支持,如 Server 的配置、数据库、云存储等。

6.2.1 新建云开发模板

首先新建一个项目,选择一个空目录,填入 AppID(使用云开发能力必须填写 AppID,并且这个 AppID 必须是真实的,不能使用测试用的 AppID)。AppID 信息可在微信开发者工具界面 IDE 环境的"详情"中找到,如图 6.2 所示。

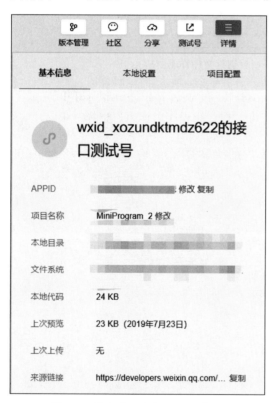

图 6.2 获取小程序的 AppID 信息

依次单击微信开发者工具界面中的"项目"→"新建项目"菜单,弹出如图 6.3 所示的界面。

在 AppID 栏中填入一个真实 AppID 信息,后端服务选择"小程序·云开发",单击"新建",微信开发者工具即为云开发的界面,如图 6.4 所示。

图 6.4 中框起来的部分为小程序·云开发与普通 QuickStart 小程序开发时界面的不同之处。

单击"云开发"按钮即可打开云开发控制台,如图 6.5 所示。

云开发控制台是管理云开发资源的地方,控制台提供以下能力。

(1)运营分析:查看云开发监控、配额使用量、用户访问情况。

(2)数据库:管理数据库,可查看、增加、更新、查找、删除数据、管理索引、管理数据库访问权限等。

(3)存储:查看和管理存储空间。

(4)云函数:查看云函数列表、配置、日志。

如果是第一次使用该 AppID 开发基于云的小程序,单击"云开发"按钮后,会显示如图 6.6 所示的界面。

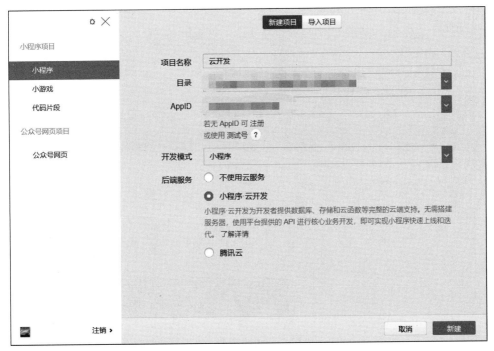

图 6.3 新建小程序·云开发项目

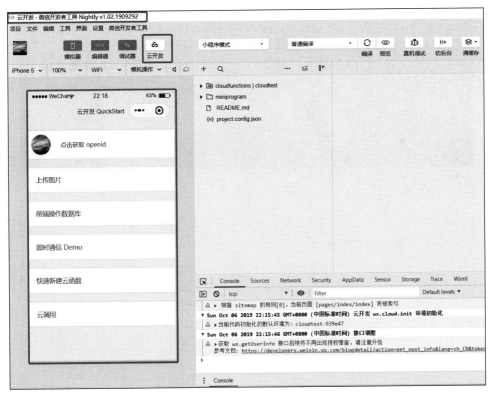

图 6.4 云开发项目——微信开发者工具运行界面

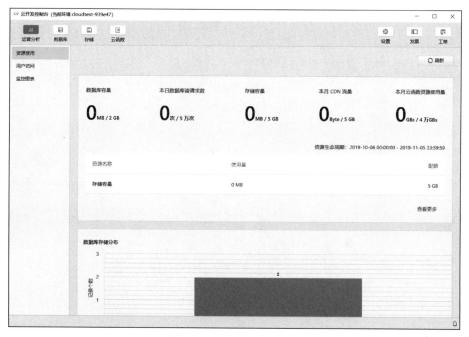

图 6.5 云开发控制台界面

图 6.6 开通小程序·云开发界面

单击"开通"按钮,出现图 6.7 所示的界面。

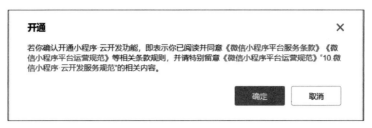

图 6.7 确认开通小程序·云开发功能

根据提示开通云开发,创建云环境。默认配额下,目前每个小程序账号可免费创建两个环境,各个环境相互隔离,每个环境都包含独立的数据库实例、存储空间、云函数配置等资源。每个环境都有唯一的环境 ID 标识,初始创建的环境自动成为默认环境。当确认开通小程序·云开发功能后,在出现的"新建环境"界面中输入"环境名称",如图 6.8 所示(随着版本的升级界面可能会有所不同)。

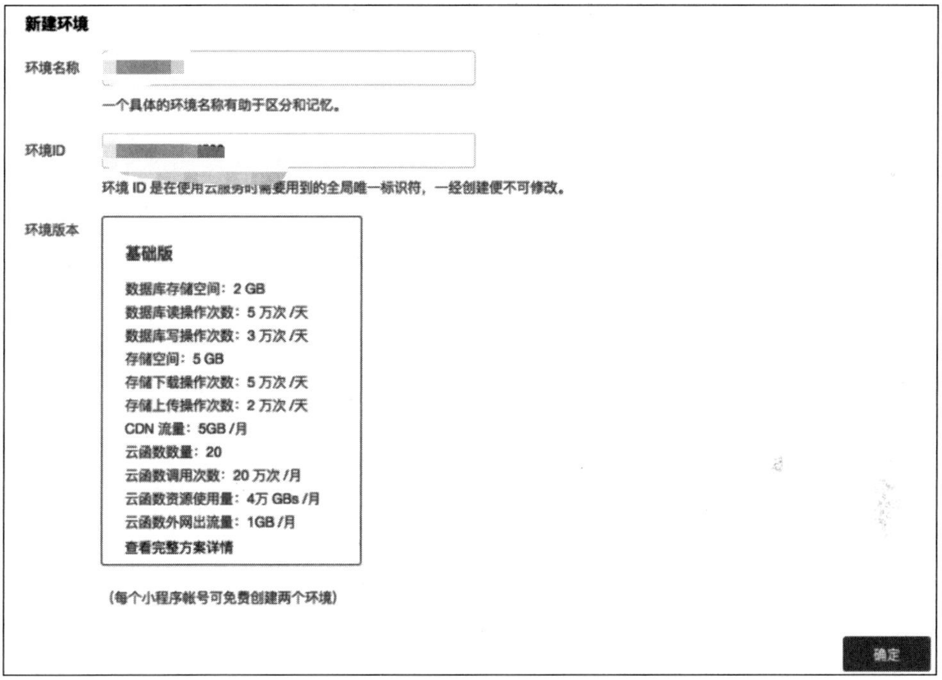

图 6.8 小程序·云开发"新建环境"界面

云开发环境配置好后,进入云开发-微信开发者工具界面,模板会默认创建一个 login 云函数(在 cloudfunctions\cloudtest 文件夹中),用于返回 OpenID(标识当前微信登录用户的 ID),在开发基于云的小程序之前,首先要部署 login 云函数。如图 6.9 所示,在 cloudfunctions/login 文件夹上右击,在弹出的快捷菜单中选择"创建并部署:云端安装依赖"。

此时,login 文件夹之前和之后分别有一个云标记和 Nodejs 标记,如图 6.10 所示。

然后在 cloudfunctions/login 文件夹上右击,在弹出的快捷菜单中选择"创建并部署:所有文件",弹出如图 6.11 所示的界面,单击"确定"按钮。

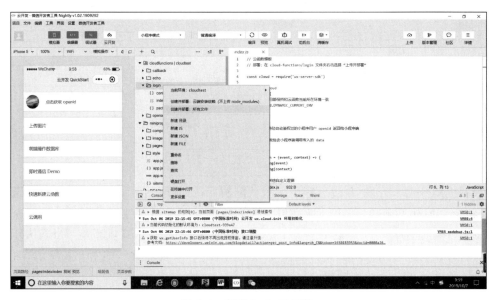

图 6.9　部署 login 云函数

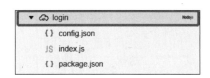

图 6.10　云端安装依赖

图 6.11　创建并部署所有文件

在模拟器中用鼠标选中"单击获取 openid",出现如图 6.12 所示的"调用失败"错误提示信息。

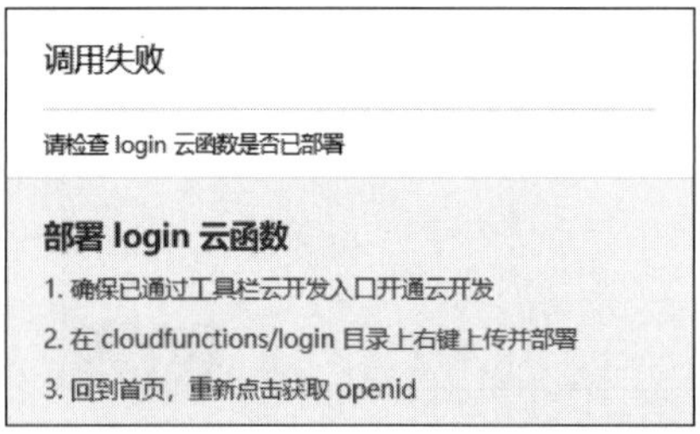

同时在 Console 中给出的错误信息如图 6.13 所示,信息提示 wx-server-sdk 包没有安装。

解决方法如图 6.14 所示。

首先安装好 node.js,打开命令行,定位到云函数目录,可输入 npm-v 和 node-v 显示其版本号。运行 npm install--save wx-server-sdk @ latest,若提示 "Unhandled dejection error, not permitted"相关错误,则需要重新用管理员权限打开命令行,再运行一次。

图 6.12　调用 login 云函数失败信息

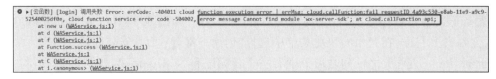

图 6.13　Console 中给出的调用 login 云函数错误信息

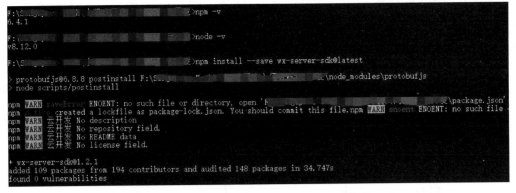

图 6.14 在命令行安装 wx-server-sdk 依赖

重新执行"上传并部署"操作,再次单击"单击获取 openid",提示用户 openid 获取成功,如图 6.15 所示。

图 6.15 用户 openid 获取成功

6.2.2 云函数初体验

首先在云函数根目录 cloudfunctions 上右击,在弹出的快捷菜单中选择"新建 Node.js 云函数",并命名为 sum,如图 6.16 所示。

新建的云函数 sum 文件夹中有两个文件,分别为 index.js、package.json。在 index.js 文件中输入如下代码。

```
// 云函数入口函数
exports.main = (event, context) => {
  console.log(event)
  console.log(context)
  return {
    sum: event.a + event.b
  }
}
```

云函数的传入参数有两个,一个是 event 对象,一个是 context 对象。event 是指触发云函数的事件,当小程序端调用云函数时,event 就是小程序端调用云函数时传入的参数,外加后端自动注入的小程序用户的 openid 和小程序的 appid。context 对象包含此处调用的调用信息和运行状态,可以用它来了解服务运行的情况。

在模板中,const cloud = require('wx-server-sdk')用于在云函数中操作数据库、存储以及调用其他云函数的微信提供的库。该段代码完成的功能是将传入的 a 和 b 相加并作为 sum 字段返回给调用端。

然后在 cloudfunctions/sum 目录上右击,在弹出的快捷菜单中选择"上传并部署"操作,单击"测试云函数",此时的调用结果如图 6.17 所示。

图 6.16 新建 Node.js 云函数

图 6.17 测试云函数调用结果

也可以单击"云开发",查看云函数 sum 的信息,如图 6.18 所示。

图 6.18 云开发控制台中查看云函数

6.2.3 在既有小程序项目中新建云函数并实现在视图页面中调用

前面两节介绍的是在一个新建目录中新建一个云函数项目,如果要实现在一个既有小程序项目中新建云函数,并在该小程序渲染视图页面中调用该云函数,应如何实现?

(1) 先在该既有小程序项目根目录下创建一个存储云函数的文件夹,命名为 functions,新建云函数文件夹后的小程序项目目录结构如图 6.19 所示。

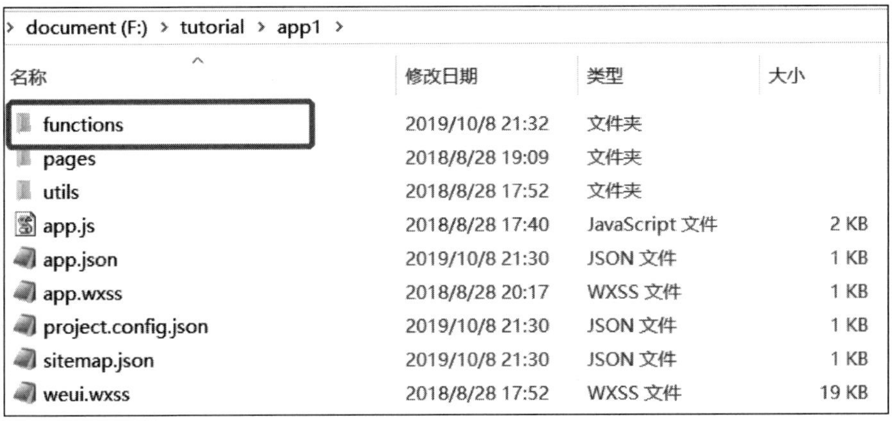

图 6.19 新建云函数文件夹后的小程序项目目录结构

(2) 在微信开发者工具中找到 project.config.json 文件并打开,添加""cloudfunctionRoot":"functions/",配置云函数目录,如图 6.20 所示。

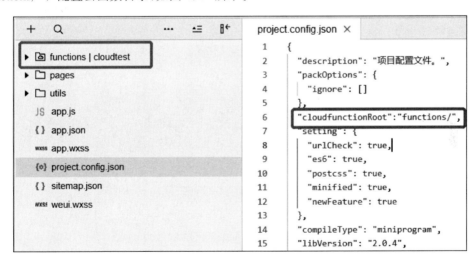

图 6.20 在 project.config.json 文件中配置云函数目录

按 Ctrl+S 组合键保存后,发现云函数的目录和项目中的其他目录图标不一样,变成云目录图标。

(3) 选中"functions|未指定环境",右击,在弹出的快捷菜单中选择"新建 Node.js 云函数",如图 6.21 所示。

在弹出的编辑框中输入"cloudtest",如图 6.22 所示,按回车键后进入云开发控制台,相应操作同前所述。在 functions\cloudtest 文件夹中新建一个 Node.js 云函数,命名为 sum,打开云函数 sum 文件夹中的 index.js 文件,输入前述代码,上传并部署。

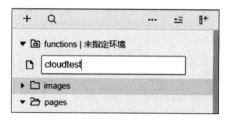

图 6.21　新建 Node.js 云函数　　　　图 6.22　新建 cloudtest 云环境

部署完成后,可以在小程序中调用该云函数进行测试,具体执行步骤为:首先打开之前的小程序项目文件,找到其中任意一个页面文件,这里以 details 页面为例,然后执行以下操作。

(1) 在 details.wxml 文件中部署一个触发云函数调用的按钮。

```
<view class = "location">
    <button style = "default" size = "mini" bindtap = 'cloudTest1' style = "margin:10px">
        调用云函数示例</button>
</view>
```

(2) 在 index.js 文件中定义触发按钮的函数。

```
cloudTest1: function () {
    wx.cloud.callFunction({
    // 云函数名称
    name: 'sum',
    // 传给云函数的参数
    data: {
      a: 1,
      b: 9
    },
    success: function (res) {
        console.log(res.result) // 10
    },
    fail: console.error
  })
}
```

编译运行后,提示如图 6.23 所示错误。

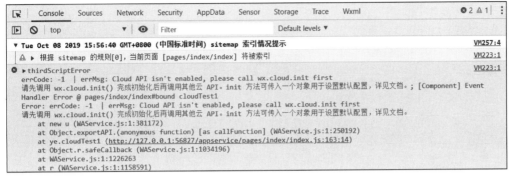

图 6.23　调用云函数失败提示信息

该信息提示调用云函数之前需要先进行初始化,此时在 wx.cloud.callFunction 前面增加一行 wx.cloud.init()就可以了,再次编译运行,此时可以看到在调试器中输出的正确结果,如图 6.24 所示。

图 6.24　云函数调用在 Console 中返回的结果

6.3　数据库的使用

6.3.1　基本概念

集合,又称表,是指一种类型的数据的组合,比如学生可以视为一个集合,教师可以视为另外一个集合。

记录,是指某个集合下的特定数据,对于学生集合而言,某一个有具体的学号、姓名、专业名称等信息的学生实例化个体则是集合中的一个记录。

字段,是指某个记录中的属性,比如某一个学生的"学号"为一个字段,其值为20141508023,"姓名"是另一个字段,其值为"张三",该字段类型为字符串型。

字段类型除了 String 类型,还有 Number、Object、Bool、Array 等类型。

6.3.2　集合创建及表数据操作

一个集合相当于一张表,当云开发环境选定后,小程序就会默认有一个数据库,因此不需要再另外单独创建数据库,只需要根据小程序开发需要在该数据库中创建若干集合(表)即可。

首先打开云开发控制台,切换到"数据库"标签,如图 6.25 所示,单击左上角"集合名称"右侧的"＋"。

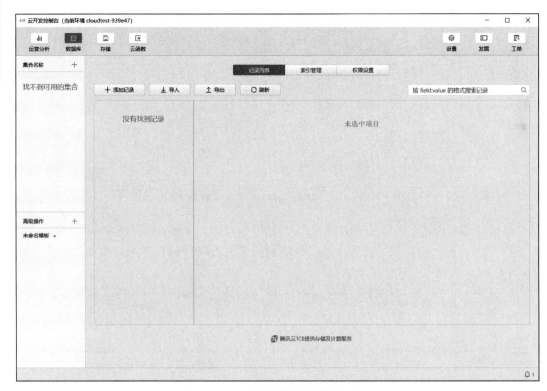

图 6.25 云开发控制台"数据库"页面

弹出如图 6.26 所示的"创建集合"对话框,输入集合的名称,然后单击"确定"按钮添加集合。

图 6.26 创建集合

单击"添加记录",弹出如图 6.27 所示对话框,文档 ID 使用系统自动生成的 ID。单击"确定"按钮,生成第一条记录的"_id"信息,每条记录都有一个 _id 字段用以唯一标识一条记录。

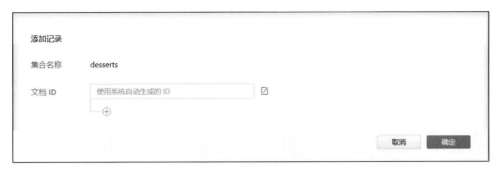

图 6.27　添加集合中的记录

然后单击"添加字段"按钮，在弹出的对话框中分别新建"name""price""imagePath" "isHighlyRecommended""id"，字段类型分别为 String、String、String、Boolean、Number，其值分别为"Hokkaido Scallop&Oyster Ceviche""￥199.9元起""/images/Celavi-Hokkaido Scallop&Oyster Ceviche.jpg"、true、11，添加的记录信息如图 6.28 所示。

图 6.28　添加的记录信息

云开发数据库提供以下几种数据类型：String(字符串型)、Number(数字)、Object(对象)、Array(数组)、Bool(布尔值)、Date(时间)、Geo(多种地理位置类型)、Null。

6.3.3　控制台数据库高级操作

在云控制台数据库管理页中可以编写和执行数据库脚本，实现对数据库的增删查改(CRUD)操作，在脚本中提供表 6.3 中的全局变量。

表 6.3　数据库脚本中的全局变量

变量名	说　　明
db	等于 wx.cloud.database()的结果(不区分环境)
_	等于 db.command

在云开发控制台中，单击"高级操作"右侧的"+"，根据数据库操作的需要，选择相应模板（这里想在 desserts 集合中增加一条记录，则选择"add 模板"），如图 6.29 所示。

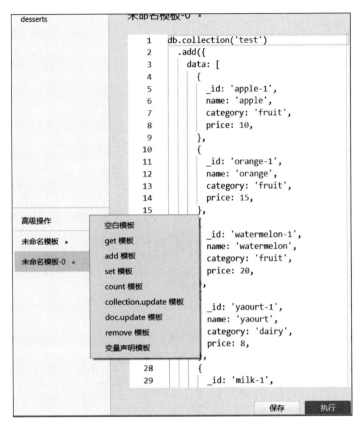

图 6.29　数据库增加记录的 add 模板

在左侧输入如图 6.30 所示相关代码，单击执行，出现"新增记录"提示对话框。

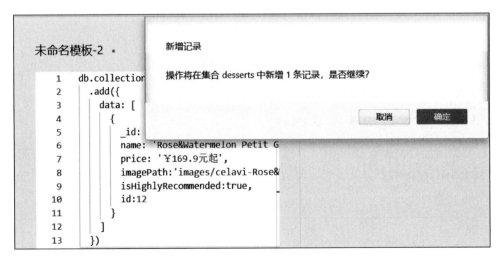

图 6.30　"新增记录"对话框

单击"确定"按钮,再回到云开发控制台,就会发现 desserts 集合中新增了一条记录,如图 6.31 所示。

图 6.31 desserts 集合中添加的记录

6.3.4 代码实现数据库表记录添加操作

前述两种添加记录信息的方法效率较低,需要逐个添加字段信息、类型信息及值信息,并且是在云控制台后台直接操作数据库,如果要利用代码实现数据的批量增加,该如何操作呢?

在对数据库进行增删查改之前,先需要连接数据库,获取数据库的引用。

const db = wx.cloud.database({});

要操作数据库的一个集合时,也是需要先获取该集合的引用。

const table = db.collection('todos');

首先实现数据库集合记录的添加操作,仍以 desserts 集合为例。首先选定要执行对数据库进行操作的前端页面,这里还是以 details 为例,按以下步骤进行。

(1) 打开该页面的渲染视图文件 details.wxml,在该页面中布置一个按钮,用于触发数据库记录添加的事件,代码如下。

```
< view class = "location">
    < button style = "default" size = "mini" bindtap = 'cloudTest2'
            style = "margin:10px">数据库操作示例</button>
</view>
```

视图渲染效果如图 6.32 所示。

(2) 在 details.js 文件中添加按钮 cloudTest2 的触发函数代码。

```
cloudTest2: function () {
    wx.cloud.init()
    const db = wx.cloud.database({})
    const table = db.collection('desserts')
    table.add({
        data: {
            name: "Tiramisu",
```

图 6.32 用于数据库操作的按钮渲染结果

```
            price:"￥29.9元起",
            imagePath: "images/Tiramisu.jpg",
            isHighlyRecommended:true,
            id:14
          },
          success: function (res) {
            console.log(res._id)
          }
        })
```

(3) 打开云开发控制台,切换到"数据库"标签,可以发现刚才在前端页面按钮触发的添加记录代码执行成功,在 desserts 集合中添加了一条记录,如图 6.33 所示。

图 6.33 记录成功添加界面

可以发现,小程序 API 端通过代码添加的记录除了自动生成一个_id 字段外,还会自动将_openid 的信息作为一个字段添加到记录中。_openid 用于标识当前微信登录用户的 ID 信息。

6.3.5 数据库表记录读取操作

(1) 在 details.wxml 页面文件中布置一个按钮,用于触发数据库记录读取操作的事件,代码如下。

```
<view class = "location">
    <button style = "default" size = "mini" bindtap = 'cloudTest3'
            style = "margin:10px">数据库表记录读取操作</button>
</view>
```

(2) 在 details.js 文件中添加按钮 cloudTest3 的触发函数代码。

```
cloudTest3: function () {
    wx.cloud.init()
    const db = wx.cloud.database({})
    const table = db.collection('desserts')
```

```
        table.doc("9e349581 - 47fb - 44ba - 9456 - 2217c710078b").get({
            success: function (res) {
                console.log(res.data)
            }
        })
    }
```

上述代码中 table.doc( )中的参数(9e349581-47fb-44ba-9456-2217c710078b)为指定查询记录的_id 值。

(3) 此时在 Console 中会显示读取到的记录信息,如图 6.34 所示。

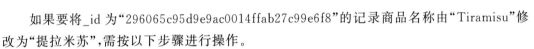

图 6.34 数据库记录读取操作显示信息

6.3.6 数据库表记录修改操作

如果要将_id 为"296065c95d9e9ac0014ffab27c99e6f8"的记录商品名称由"Tiramisu"修改为"提拉米苏",需按以下步骤进行操作。

(1) 在 details.wxml 页面文件中布置一个按钮,用于触发数据库记录修改操作的事件,代码如下。

```
< view class = "location">
    < button style = "default" size = "mini" bindtap = 'cloudTest4'
            style = "margin:10px">数据库表记录修改操作</button >
</view >
```

(2) 在 details.js 文件中添加按钮 cloudTest4 的触发函数代码。

```
cloudTest4: function () {
    wx.cloud.init()
    const db = wx.cloud.database({})
    const table = db.collection('desserts')

    table.doc("296065c95d9e9ac0014ffab27c99e6f8").update({
        data: {
            name: "提拉米苏",
            price:"￥30 元"
        },
        success: function (res) {
            console.log(res)
        }
    })
}
```

(3) 打开云开发控制台的"数据库"页面,可以发现该条记录的相关字段的数据已得到更新,如图 6.35 所示。

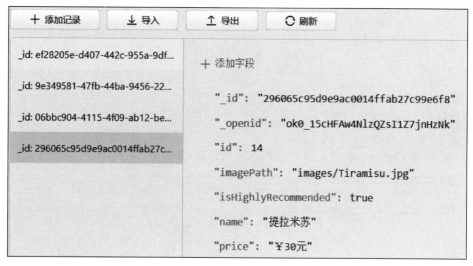

图 6.35 字段信息更新成功后的界面

6.3.7 数据库表记录删除操作

remove 函数可用来删除数据库中的一条数据,如果要删除多条数据记录,则需要在云开发控制台端进行操作。

(1) 在 details.wxml 页面文件中布置一个按钮,用于触发数据库记录删除操作的事件,代码如下。

```
<view class="location">
    <button style="default" size="mini" bindtap='cloudTest5'
            style="margin:10px">数据库表记录删除操作</button>
</view>
```

(2) 在 details.js 文件中添加按钮 cloudTest5 的触发函数代码。

```
cloudTest5: function () {
    wx.cloud.init()
    const db = wx.cloud.database({})
    const table = db.collection('desserts')

    table.doc("296065c95d9e9ac0014ffab27c99e6f8").remove({
      success: function (res) {
        console.log(res)
      }
    })
}
```

(3) 打开云开发控制台的"数据库"页面,可以发现该条记录的数据已得到删除,如图 6.36 所示。

图 6.36 记录删除成功界面

6.4 渲染视图页面与云开发控制台的数据交互实现

前面实现的一些操作要么是直接在云控制台数据库中执行表记录的增删改查,要么是在代码中实现,但更多的是在渲染视图页面中通过一些表单或控件来实现与云开发控制台的数据交互。现在要实现的效果如图 6.37 所示,当用户在小程序前端编辑框中输入甜品名称、甜品价格后,单击"插入数据"按钮,小程序会将用户输入的数据以记录的形式添加到后台云数据库中;当用户输入记录 ID 后,单击"查询数据"按钮,则会将该记录 ID 对应的商品名称和价格在视图中显示出来。

首先在前台页面的 WXML 文件中输入以下代码。

图 6.37 交互功能实现界面

```
<view>
    <input style='margin-top: 30rpx;' placeholder="请输入甜品名称" value="{{name}}" bindinput="bindKeyInputName" />
    <input style='margin-top: 30rpx;' placeholder="请输入甜品价格" value="{{price}}" bindinput="bindKeyInputPrice" />
    <button style='margin-top: 30rpx;' bindtap='insertData'>插入数据</button>
    <input style='margin-top: 30rpx;' placeholder="请输入记录 ID"
           value="{{recordId}}" bindinput="bindKeyInputId" />
    <button style='margin-top: 30rpx;' bindtap='queryData'>查询数据</button>
    <text style='margin-top:300rpx;'>名称:{{nameResult}}</text>
    <text style='margin-top: 30rpx;'>价格:{{priceResult}}</text>
</view>
```

该WXML文件中,包含3个input组件、2个text组件,这5个组件分别与name、price、recordId、nameResult和priceResult 5个变量(在JS文件data中定义)绑定,修改和获取这5个组件的值也只需要考虑这5个变量即可。另外两个button按钮,分别用于触发插入数据与查询记录信息的函数。

接下来,需要在JS文件中编写相应代码实现视图页面与云开发控制台后台数据库的交互操作。

1. 数据定义及初始化

在Page中定义该小程序需要用到的一些数据变量,如下所示。

```
Page({
  /** * 页面的初始数据 */
  data: {
    name:'',
    price:'',
    recordId:'',
    nameResult:'',
    priceResult:''
  },
  …
```

2. 获取小程序openid

```
/*** 生命周期函数——监听页面加载 */
  onLoad: function (options) {
    var that = this
    wx.cloud.init()
    // 调用login云函数获取openid
    wx.cloud.callFunction({
      name: 'login',
      data: {},
      success: res => {
        console.log('[云函数] [login] user openid: ', res.result.openid)
        app.globalData.openid = res.result.openid
        wx.cloud.init({ env: 'minicloud' })
        that.db = wx.cloud.database()
        that.desserts = that.db.collection('desserts')
      },
      fail: err => {
        console.error('[云函数] [login] 调用失败', err)
        wx.navigateTo({
          url: '../deployFunctions/deployFunctions',
        })
      }
    })
  },
```

3. "插入数据"按钮代码实现

```
insertData: function () {
    var that = this

    wx.cloud.init()
    const db = wx.cloud.database({})
    const table = db.collection('desserts')

    table.add({                    //向 desserts 数据集添加记录
        data: {
            name: that.data.name,
            price: that.data.price
        },
        success: function (res) {
            console.log(res)
            wx.showModal({
                title: '成功',
                content: '成功插入记录',
                showCancel: false
            })
            that.setData({
                name: '',
                price: ''
            })
        }
    })
},
```

图 6.38　记录成功插入提示信息

当在"甜品名称"编辑框中输入"Mousse Cake",以及"甜品价格"编辑框中输入"￥69元",单击"插入数据"按钮,弹出插入成功提示对话框;回到云开发控制台数据库,就会发现该记录已经成功插入记录表中,如图 6.38 和图 6.39 所示。

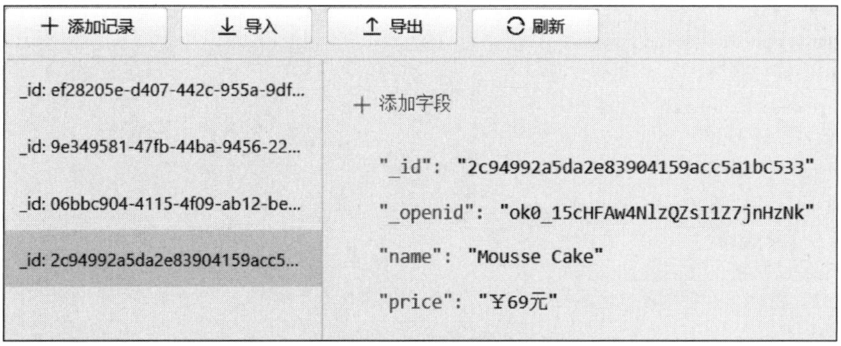

图 6.39　云控制台查看新插入的记录信息

4. "查询数据"按钮代码实现

```
queryData: function () {
    var that = this
    wx.cloud.init()

    const db = wx.cloud.database({})
    const table = db.collection('desserts')
    table.doc(this.data.recordId).get({
      success: function (res) {
        that.setData({
          nameResult: res.data.name,
          priceResult: res.data.price
        })
      },
      fail: function (res) {
        wx.showModal({
          title: '错误',
          content: '没有找到记录',
          showCancel: false
        })
      }
    })
},
```

当在"输入记录 ID"编辑框中输入要查询的记录 ID 信息时，如要查询的 id 为"06bbc904-4115-4f09-ab12-bede2a60938a"，单击"查询数据"按钮，小程序运行界面如图 6.40 所示。

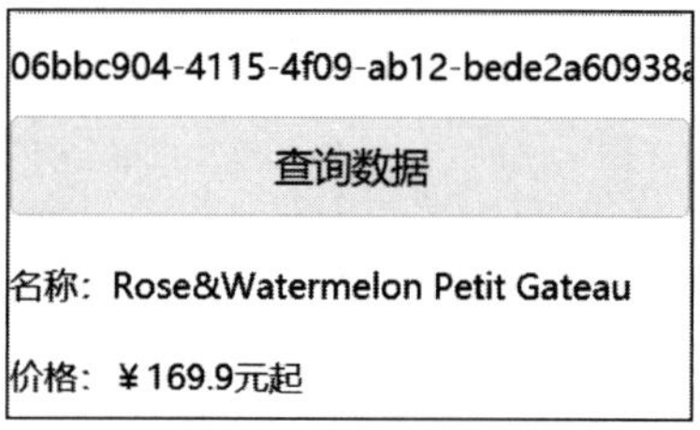

图 6.40 查询数据实现界面

5. input 组件数据同步更新代码实现

下面的函数用于当更新 input 组件中的值时同时更新对应变量的值。

```
bindKeyInputName: function (e) {
    this.setData({
      name: e.detail.value
    })
},
bindKeyInputPrice: function (e) {
    this.setData({
      price: e.detail.value
    })
},
bindKeyInputId: function (e) {
    this.setData({
      recordId: e.detail.value
    })
},
```

至此，一个完整的实现渲染视图页面通过组件实现与后台云数据库进行数据交互的简单页面就实现了。

6.5　如何从 GitHub 获取小程序示例 Demo

GitHub 是全球大型开源社区之一，它提供线上的代码托管服务，很多开源代码都会被托管到 GitHub 上。关于 GitHub 教程，推荐官方 Hello World 教程（链接地址 https://guides.github.com/activities/hello-world/）。

6.5.1　如何使用 GitHub

打开 GitHub 官方网站 https://github.com，出现如图 6.41 所示页面，根据提示步骤注册 GitHub 账号。

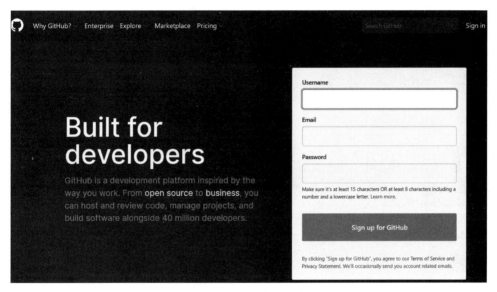

图 6.41　GitHub 网站首页

在 Search or jump to 编辑框中（如图 6.42 所示）输入"tcb-demo-blog"，按回车键。

图 6.42　Search or jump to 编辑框

然后单击 Clone or download 按钮，如图 6.43 所示，下载 zip 格式的压缩文件另存到硬盘中相应位置。

接着打开微信开发者工具，选择"导入项目"，将上一步下载下来的代码仓库作为导入小程序项目的主体，填入小程序的 AppID（使用云开发能力必须填写 AppID），单击"导入"按钮，如图 6.44 所示。

此时出现的博客小程序运行界面如图 6.45 所示。

图 6.43 下载博客小程序源代码

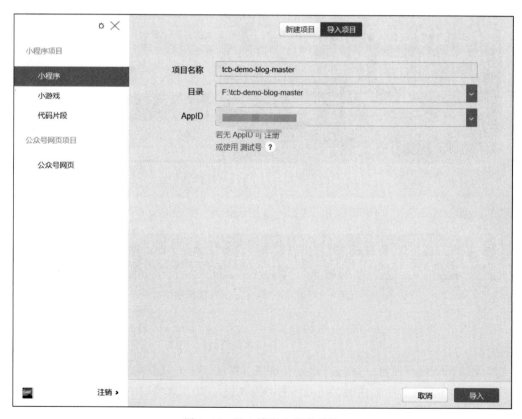

图 6.44 导入博客小程序项目

图 6.45　博客小程序运行

6.5.2　用小程序·云开发制作博客小程序

1. 首先安装云函数依赖

按 Ctrl+R 组合键进入"运行"界面,输入"cmd"命令,进入控制台界面。将当前目录设置到博客小程序项目相应文件夹,输入"npm install-production"命令,回车,此时命令行运行结果如图 6.46 所示。

图 6.46　安装云函数依赖

备注:这里用到的命令 npm,是随同 NodeJS 一起安装的包管理工具,能解决 NodeJS 代码部署上的很多问题,常见的使用场景有以下几种。

(1) 允许用户从 NPM 服务器下载别人编写的第三方包到本地使用。

(2) 允许用户从 NPM 服务器下载并安装别人编写的命令行程序到本地使用。

(3) 允许用户将自己编写的包或命令行程序上传到 NPM 服务器供别人使用。

2. 上传云函数

在微信开发者工具 IDE 中，右击云函数对应的文件夹，单击"上传并部署"菜单，如图 6.47 所示。

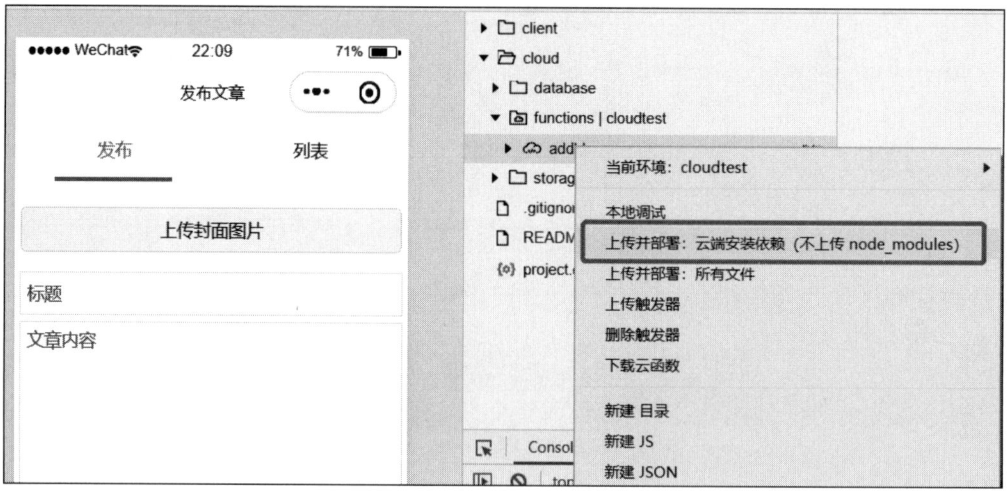

图 6.47 上传博客小程序云函数

这时再打开云开发控制台，单击"云函数"，可以看到已经上传到云端的云函数，如图 6.48 所示。

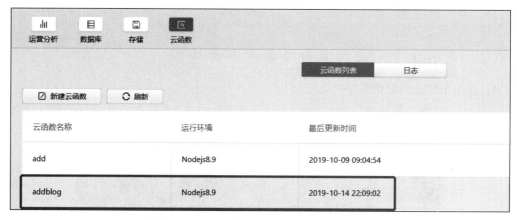

图 6.48 已经上传到云开发控制台的云函数

3. 新建 collections

在小程序开发 IDE 中的"云开发控制台"→"数据库"中，添加集合 blog。

在模拟器运行界面中，依次上传封面图片，输入标题文字和正文，单击"提交"按钮，如图 6.49 所示。然后切换到"列表"标签，可以发现输入的博客文章已经发布出来，并在列表中列出，如图 6.50 所示。

 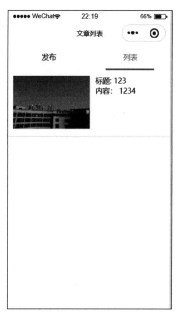

图 6.49　博客文章发布　　　　　　图 6.50　成功发布的博客文章

思　考　题

1. 结合前面规划设计的小程序应用服务项目,开通云服务,根据应用需求在云开发控制台中新建相应数据库表,定义该表结构,并实现前端渲染视图界面组件与后端数据库表的数据交互(CRUD 操作)。

2. 打开 GitHub,以关键字"BearDiary"进行搜索找到相应源码,在本地微信开发者工具上实现该小程序项目功能,体验代码分享的乐趣。

第 7 章　小程序云开发方案示例

本章将使用微信小程序云开发解决方案,实现"我要点爆"小程序项目。该项目主要通过使用文本与语音两种媒体形式,来达到释放个人暴躁情绪、促进心理健康的功能,最终实现一个情绪释放和情绪管理的平台。

7.1　项目简介

根据功能需求分析,该项目共由 13 个子功能模块组成,其功能结构如图 7.1 所示。

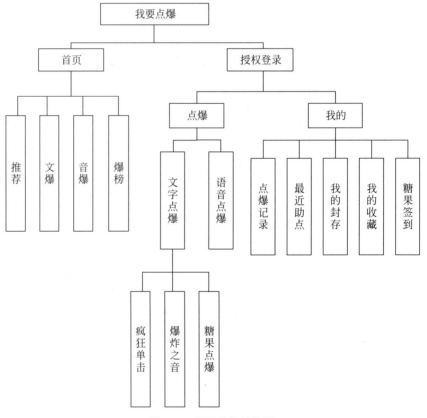

图 7.1　项目软件结构图

图 7.1 中,"首页"部分实现"推荐""文爆""音爆""爆榜"4 个功能。授权登录的用户可以选择"文字点爆"和"语音点爆"两种方式,其中,"文字点爆"又进一步细分为"疯狂单击"

"爆炸之音"与"糖果点爆"。个人信息栏目存放了用户的"点爆记录""最近助点""我的封存""我的收藏""糖果签到"等信息。

7.2 详细设计与实现

7.2.1 项目原型设计

首先通过 Mockplus 软件对项目进行原型设计,确定初步要实现的项目界面和功能结构,如图 7.2 所示。Mockplus(摹客)是一款简洁的原型图设计工具,一般用在软件开发的设计阶段,具体参见 https://www.mockplus.cn/,此处不再赘述。

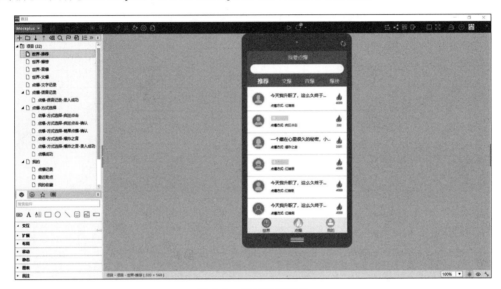

图 7.2 项目原型设计

7.2.2 开发环境搭建

首先使用自己的 AppID 新建小程序项目,后端服务选择"小程序·云开发",单击"新建"按钮,完成项目新建,如图 7.3 所示。

新建成功后跳转到开发者工具界面,如图 7.4 所示。

新建后,微信端为我们提供了一个参考的模板程序,这里我们自己来创建各个所需的文件与代码,所以删除所有不需要的文件,删除 cloudfunctions、miniprogram/images、miniprogram/pages 文件下所有文件,同时也删除 style 文件和 app.json 中原始的页面配置。此时编译下方控制台会报错,VM8100:5 appJSON["pages"]需至少存在一项,这是因为 app.json 中未配置任何页面路径,因此需要对 app.json 进行重新配置,代码如下。

```
{
  "cloud": true,
  "pages": [
    "pages/index/index",
    "pages/detonation/detonation",
```

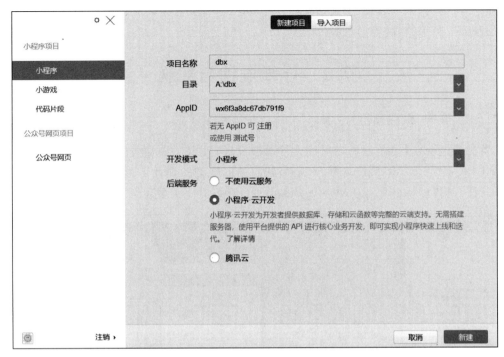

图 7.3 新建小程序·云开发项目

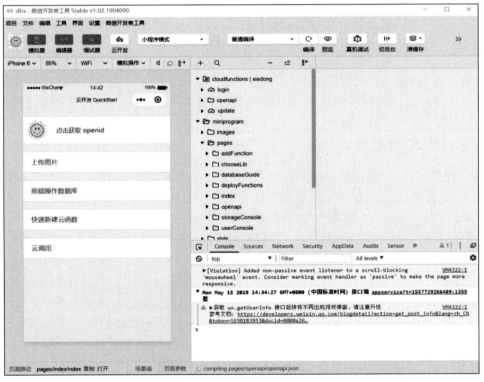

图 7.4 开发者工具界面

```
      "pages/user/user"
    ],
```

其中,"cloud":true 表示让云能力可以在所有基础库中使用,在页面路径列表 pages 下加入三个 Tab 页面路径,在 window 中设置全局的默认窗口样式,通过 tabBar 设置底部 Tab 栏的样式,配置完成后单击编译,开发工具会自动生成三个页面的文件夹以及相关文件。

```
    "window": {
      "backgroundTextStyle": "light",
      "navigationBarBackgroundColor": "#FF3333",
      "navigationBarTitleText": "我要点爆",
      "navigationBarTextStyle": "white",
      "backgroundColor": "#FF3333"
    },
    "tabBar": {
      "backgroundColor": "#F2F2F2",
      "color": "#6B6B6B",
      "selectedColor": "#FF0000",
      "list": [
        {
          "pagePath": "pages/index/index",
          "text": "世界",
          "iconPath": "/images/shi.png",
          "selectedIconPath": "/images/shi1.png"
        },
        {
          "pagePath": "pages/detonation/detonation",
          "text": "点爆",
          "iconPath": "/images/bao2.png",
          "selectedIconPath": "/images/bao1.png"
        },
        {
          "pagePath": "pages/user/user",
          "text": "我的",
          "iconPath": "/images/wo1.png",
          "selectedIconPath": "/images/wo.png"
        }
      ]
    },
    "sitemapLocation": "sitemap.json"
}
```

配置成功后页面结构与效果如图 7.5 所示。

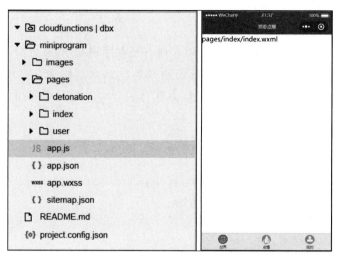

图 7.5 配置页面结构及效果

7.2.3 数据库环境创建

接下来就需要创建数据库环境。

首先设置环境名称,环境名称可以根据自己的需求设置,这里设置为 dbx 与项目名相同,下方的环境 ID 会自动生成,无须修改,单击"确定"按钮完成创建,如图 7.6 所示。

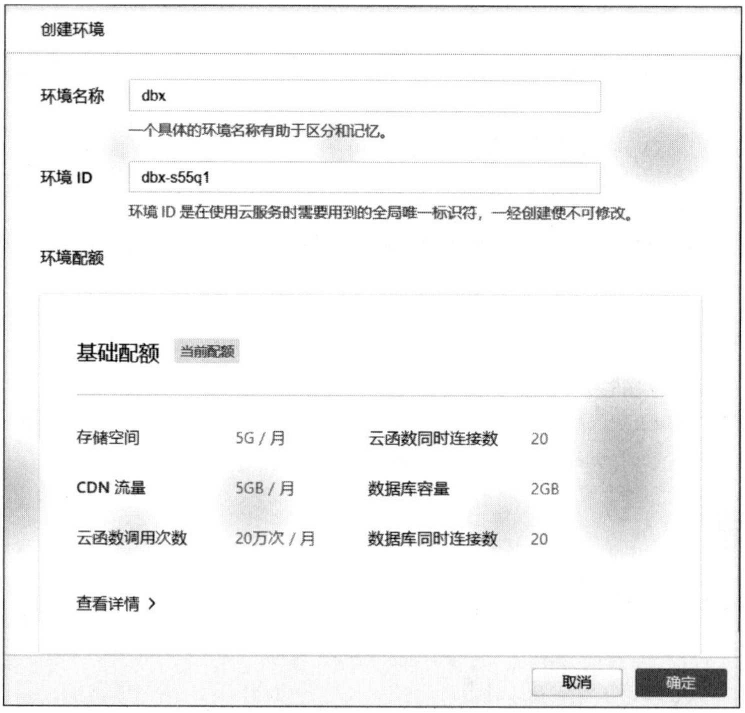

图 7.6 环境创建

创建成功后跳转至"云开发控制台"页面，如图7.7所示。

图7.7 "云开发控制台"页面

接下来就需要配置app.js文件。在调用云开发各API前，需先调用初始化方法init一次（全局只需一次），在wx.cloud.init中设置程序所读环境的数据库位置，即刚才创建的数据库环境的ID，如图7.8所示。

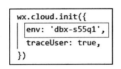 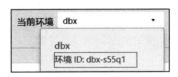

图7.8 init初始化方法设置

再实现"我的页面"布局制作与"用户授权登录"功能。

首先对页面进行布局，头部使用一个button按钮来进行授权登录获取用户信息的操作，设置button的open-type为getUserInfo，使得按钮可以从bindgetuserinfo回调中获取到用户信息，设置回调方法为getUserInfoHandler。为了让用户授权后实时更新用户头像与用户名，这里使用数据绑定与判断的方法。

user.wxml代码如下。

```
< view class = "user_header">
  < view class = "header_box">
    < image src = "{{userTx || defaultUrl}}"></image >
    < button class = "{{username == '单击登录'? 'usernameDe' : 'username'}}"
    open - type = "getUserInfo"
    bindgetuserinfo = "getUserInfoHandler">{{username}}</button >
    < view class = "qiandao">
      < text >糖果</text >
```

```
          </view>
        </view>
      </view>
      <view class = "user_main">
        <view class = "main_box">
          <view class = "box_item">
            <image src = "/images/jilu.png"></image>
            <text>点爆记录</text>
          </view>
          <view class = "box_item">
            <image src = "/images/zhudian.png"></image>
            <text>最近助点</text>
          </view>
        </view>
        <view class = "main_box">
          <view class = "box_item">
            <image src = "/images/fengcun.png"></image>
            <text>我的封存</text>
          </view>
          <view class = "box_item">
            <image src = "/images/usercang.png"></image>
            <text>我的收藏</text>
          </view>
        </view>
      </view>
    </view>
```

页面布局完成后进行 user.js 的编写，data 中设置页面初始数据，username 用于控制授权按钮用户名变换，defaultUrl 设置默认头像，userTx 记录用户头像，userInfo 记录用户授权后所获取的信息，gender 用于用户性别判断，province 用于记录地区信息。

```
Page({
  data: {
    username: '单击登录',
    defaultUrl: '/images/yuyin5.png',
    userTx: '',
    userInfo: {},
    gender: 1,
    province: '',
  },
```

在 onLoad 中对页面进行初始化设置和用户是否登录的初始化设置，在用户授权登录后直接使用本地的用户信息，如果本地信息不存在，则通过 wx.getSetting 获取用户设置，查看用户是否授权过，如果授权过，则 wx.getUserInfo 直接获取用户信息。

```
  onLoad: function () {
    wx.setNavigationBarTitle({
      title: '我的'
    })
    //当重新加载这个页面时,查看是否有已经登录的信息
    let username = wx.getStorageSync('username'),
      avater = wx.getStorageSync('avatar');
```

```
    if (username) {
      this.setData({
        username: username,
        userTx: avater
      })
    }
    wx.getSetting({
      success: res => {
        if (res.authSetting['scope.userInfo']) {
          wx.getUserInfo({
            success: res => {
              this.setData({
                userTx: res.userInfo.avatarUrl,
                userInfo: res.userInfo
              })
            }
          })
        }
      }
    })
  },
```

getUserInfoHandler 方法保存系统常用的用户信息到本地和完成用户信息数据库注册，button 组件中 bindgetuserinfo 方法回调的 detail 数据与 wx.getUserInfo 返回的一致，通过 detail 将所需的用户信息提取出来，将性别 gender 替换为"男"和"女"，将头像、用户名、性别、地区保存在本地。然后使用云数据库 API 进行数据库操作。

```
getUserInfoHandler: function (e) {
  let d = e.detail.userInfo
  var gen = d.gender == 1 ? '男' : '女'
  this.setData({
    userTx: d.avatarUrl,
    username: d.nickName
  })
  wx.setStorageSync('avater', d.avatarUrl)
  wx.setStorageSync('username', d.nickName)
  wx.setStorageSync('gender', gen)
  wx.setStorageSync('province', d.province)
  //获取数据库引用
  const db = wx.cloud.database()
  const _ = db.command
  //查看是否已有登录,若无,则获取 id
  var userId = wx.getStorageSync('userId')
  if (!userId) {
    userId = this.getUserId()
  }
  //查找数据库
  db.collection('users').where({
    _openid: d.openid
  }).get({
    success(res) {
      //res.data 是包含以上定义的记录的数组
```

```js
      //如果查询到数据,将数据记录,否则去数据库注册
      if (res.data && res.data.length > 0) {
        wx.setStorageSync('openId', res.data[0]._openid)
      } else {
        //定时器
        setTimeout(() => {
          //写入数据库
          db.collection('users').add({
            data: {
              userId: userId,
              userSweet: 10,
              voice: 0,
              baovoice: 0,
              iv: d.iv
            },
            success: function () {
              console.log('用户id新增成功')
              db.collection('users').where({
                userId: userId
              }).get({
                success: res => {
                  wx.setStorageSync('openId', res.data[0]._openid)
                },
                fail: err => {
                  console.log('用户_openId设置失败')
                }
              })
            },
            fail: function (e) {
              console.log('用户id新增失败')
            }
          })
        }, 100)
      }
    },
    fail: err => {

    }
  })
},
getUserId: function () {
    //生产唯一id,采用一个字母或数字+1970年到现在的毫秒数+10万的一个随机数组成
    var w = "abcdefghijklmnopqrstuvwxyz0123456789",
    firstW = w[parseInt(Math.random() * (w.length))];
    var userId = firstW + (Date.now()) + (Math.random() * 100000).toFixed(0)
    wx.setStorageSync('userId', userId)
    return userId;
},
})
```

现在需要在云开发控制台中创建数据库集合,首先新建一个users集合,这里只需新建集合,通过JS中使用云开发API可自动创建集合中的属性和数据,如图7.9所示。

图 7.9 users 集合创建

该 users 集合为用户信息表,用于记录用户信息,其结构如表 7.1 所示。

表 7.1 users 用户信息表

字段名	数据类型	主键	非空	描述
_id	String	是	是	ID
_openid	String		是	用户唯一标识
baoVoice	Number			爆炸之音数量
userId	String			用户注册 ID
userSweet	Number			拥有糖果数量
voice	Number			点爆语音数量

集合创建成功后,编译运行的页面效果如图 7.10 所示。

单击"单击登录"按钮,然后对程序进行授权,授权后可以看到头像和用户名都显示出来了。同时,打开云开发控制台,查看 users 集合,可以看到信息已经成功保存在了集合中,如图 7.11 和图 7.12 所示。

图 7.10 页面运行效果

图 7.11 微信授权获取用户信息

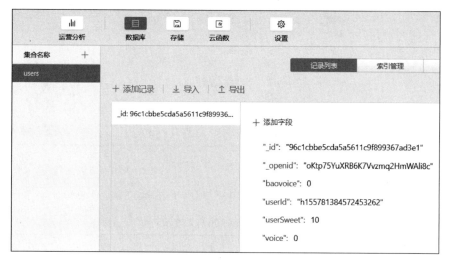

图 7.12　授权的用户信息写入 users 集合

7.2.4　点爆页面实现

点爆页面主要提供文字记录和语音记录两种爆文记录方式,在本页面内输入文字或录入语音后选择心情单击"点爆"按钮,跳转到点爆方式选择界面。

首先实现页面布局,将文字记录和语音记录使用导航切换的方式放在一个页面内。

导航中在 JS 中设置一个 currentTab 变量通过数据绑定判断显示文字记录和语音记录的切换,< text class="item {{currentTab == index ? 'active' : ''}}" wx:for="{{navber}}" data-index="{{index}}" wx:key="unique" bindtap="navbarTap">{{item}}</text >,使用列表渲染 wx:for 创建导航,同时通过 data-index 将当前项的下标 index 记录,用于在 JS 中控制 currentTab 的值,并为导航每个组件添加一个单击事件。分别为文字记录和语音记录设置两个 form,通过导航切换时 currentTab 的值和 show 与 hide 样式来判断是否显示。

1. 文字记录爆文功能实现

detonation.wxml 实现文字记录"点爆"按钮单击事件方法,当完成文字记录后,单击"点爆"按钮即可跳转到爆炸方式选择界面,此时把当前页面所有的数据信息暂时保存在本地,方便在最后爆文发布页面提交保存到数据库中,代码如下:

```
< view class = "the_header">
  < text >点爆 - 抑制不住的心情</text >
  < image src = "/images/fencun.png"></image >
</view >
< view class = "the_nav">
  < text class = "item {{currentTab == index ? 'active' : ''}}" wx:for = "{{navber}}"
    data - index = "{{index}}" wx:key = "unique" bindtap = "navbarTap">{{item}}</text >
</view >
< form class = "{{currentTab == 0 ? 'show' : 'hide'}}">
  < view class = "the_main">
    < text space = "ensp">我们在路上,点爆,让时间忘不掉你的脚步!</text >
    <!-- 当单击输入时触发 bindinput -->
```

```
            < textarea bindinput = "textInput" value = "{{baotext.wtext}}" maxlength = " - 1">
  </textarea>
    </view >
    < view class = "the_check">
        <!-- 当单击值时触发 bindchange -->
        < radio - group bindchange = "changeMood">
            < radio checked = "checked" value = "红色">红色心情</radio >
            < radio value = "黑色">黑色心情</radio >
        </radio - group >
    </view >
    < view class = "the_button">
        < button bindtap = "dianbao">点爆</button >
    </view >
  </form >
  < form class = "{{currentTab == 1 ? 'show' : 'hide'}}">
    < view class = "the_main">
        < text space = "ensp"> 我们在路上,点爆,让时间忘不掉你的脚步!</text >
        < view class = "yuyin">
            < button bindtouchstart = "touchdown" bindtouchend = "touchup">< image
src = "/images/yuyin2.png" bindtap = "ystart"></image ></button >
        </view >
    </view >
    < view class = "the_check">
        < radio - group bindchange = "changeMoody">
            < radio checked = "checked">红色心情</radio >
            < radio >黑色心情</radio >
        </radio - group >
    </view >
    < view class = "the_button">
        < button bindtap = "ydianbao">点爆</button >
  </view >
  </form >
```

在 JS 页面中将实现登录判断、导航切换、录音功能、文字记录等功能。在 onShow 中对用户是否为登录状态进行判断,如果未登录则跳转到 user 页面。navbarTap 为导航单击切换事件,当文本记录与语音记录导航被单击时触发,将当前单击组件的下标 index 赋值给控制变量 currentTab,通过数据绑定改变导航和页面显示。textInput 为 textarea 组件中 bindinput 属性的方法,用于实时记录组件中输入的文本值。changeMood 情绪单选按钮组当选中情绪项发生改变时触发,记录用户选择的情绪颜色。

2. 语音记录爆文功能实现

录音功能:通过 button 按钮进行录音,当按下按钮时录音开始,当松开按钮时录音结束,并跳转到录音试听页面,分别使用 button 组件的 bindtouchstart 属性和 bindtouchend 属性。

这里使用 RecorderManager 来实现录音操作,在顶部实例化一个唯一的 RecorderManager 录音管理器,配置录音参数 options,然后调用 start 开始录音 API,松开按钮录音结束后调用 stop 录音结束 API,同时调用录音结束的回调函数 onStop,将音频文件保存在本地。

在停止录音后要将录音文件保存下来,同时将音频文件上传到云端(这里直接进行音频文件的存储,实际上存储音频文件应在爆文提交时才执行)。保存音频文件时,为了让用户的每个音频文件文件名唯一,采用的是用户的 openid+语音文件数来命名,使用云函数获取和修改用户语音数量,使用云存储 API 上传文件到云,下面进行云函数和云存储的操作介绍。

3. 云函数的使用与环境配置

(1) 创建云函数。

右击 cloudfunctions 文件选择新建 Node.js 云函数,云函数命名为 updateVoice 用于修改用户语音数量。

(2) 安装 node.js 及 npm。

首先从 node.js 官网下载对应平台的安装程序,打开 cmd,输入 node-v,npm-v 如果出现版本号,证明安装成功。

注意:在使用 npm 时可能会出现"npm 不是内部或外部命名与不是可运行程序"的提示,这是由于环境变量问题,需对 node 进行环境变量配置。

(3) 安装 wx-server-sdk。

右击 updateVoice 选择"在终端中打开",运行:

```
npm install -- save wx-server-sdk@latest
```

如图 7.13 和图 7.14 所示。

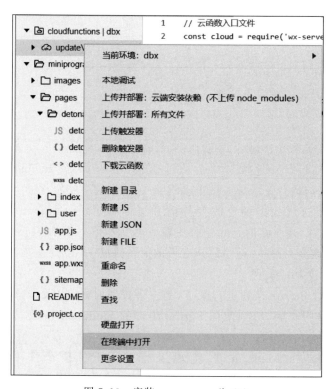

图 7.13 安装 wx-server-sdk(1)

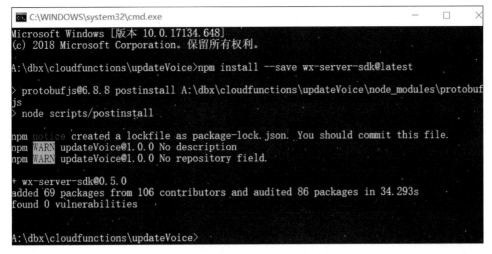

图 7.14 安装 wx-server-sdk（2）

安装成功后云函数文件夹中会增加一个文件(package-lock.json)，如图 7.15 所示。然后右击，选择"上传并部署：所有文件"，如图 7.16 所示。

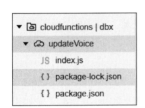

图 7.15 增加的 package-lock.json 文件

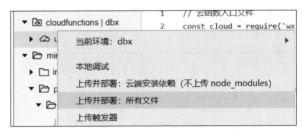

图 7.16 上传并部署所有文件

此时，打开云端控制台可以看到云函数中已经有一个生成的云函数了，如图 7.17 所示。

图 7.17 生成的云函数 updateVoice

在云函数 updateVoice 下,对 index.js 进行云函数代码编写。

```javascript
// 云函数入口文件
const cloud = require('wx-server-sdk')
cloud.init()
//声明数据库
const db = cloud.database()
// 云函数入口函数
exports.main = async (event, context) => {
  //取得传过来的参数
  var voice = event.voice, openId = event.openId;
  //云函数,更新
  try {
    return await db.collection('users').where({
      _openid: openId
    }).update({
      data: {
        voice: voice
      },
      success: res => {
        console.log('云函数成功')
      },
      fail: e => {
        console.error(e)
      }
    })
  } catch (e) {
    console.error(e)
  }
}
```

在云存储中创建保存音频文件的文件夹 voice,用来保存上传到云端的音频文件,如图 7.18 所示。

上传文件时调用 wx.cloud.callFunction 文件上传 API,在上传时云存储路 cloudPath 设置为云端文件夹名+文件名,filePath 设置为录音停止回调函数中获取的文件路径 tempFilePath。

此处完整的 detonation.js 代码如下。

```javascript
//录音管理
const recorderManager = wx.getRecorderManager()
//音频组件控制
const innerAudioContext = wx.createInnerAudioContext()
var tempFilePath;
Page({
  data: {
    navber: ['文字记录', '语音记录'],
    currentTab: 0,
```

图 7.18 在云存储中创建文件夹 voice

```js
      wtext: '',                              //文本
      wmood: '红色',                          //心情红色、黑色
      ytempFilePath: '',
      ymood: '红色',
      theplay: true,                          //监听是否在录音
    },
    //监听页面显示,判断是否登录
    onShow: function () {
      let userOpenId = wx.getStorageSync('openId')
      if (!userOpenId) {
        wx.showToast({
          title: '请先登录~'
        })
        setTimeout(() => {
          wx.switchTab({
            url: '../user/user',
          })
        }, 1500)
      } else {
        console.log(userOpenId)
      }
    },
    //文爆与音爆导航切换
    navbarTap: function (e) {
      this.setData({
        currentTab: e.currentTarget.dataset.index
      })
    },
    // 文爆,输入文本事件
    textInput: function (e) {
      this.setData({
        wtext: e.detail.value
      })
    },
    //文爆,单选按钮组
    changeMood: function (e) {
      this.setData({
        wmood: e.detail.value
      })
    },
    //文爆,点爆按钮跳转
    dianbao: function (e) {
      let wtext = this.data.wtext
      let wmood = this.data.wmood
      var wy = 'w'
      if (this.data.currentTab == 0) {
        if (wtext == '') {
          wx.showToast({
            title: '请输入点爆内容',
          })
        } else {
```

```js
            //将数据保存到本地,保存文爆判断
            wx.setStorageSync('wtext', wtext)
            wx.setStorageSync('wmood', wmood)
            wx.setStorageSync('wy', wy)
            //跳转页面
            wx.navigateTo({
              url: '../selectbao/selectbao'
            })
          }
        }
    },
    //音爆,单选按钮组
    changeMoody: function (e) {
      this.setData({
        ymood: e.detail.value
      })
    },
    //按钮点下开始录音
    touchdown: function () {
      const options = {
        duration: 300000,         //指定录音的时长,单位: ms
        sampleRate: 16000,        //采样率
        numberOfChannels: 1,      //录音通道数
        encodeBitRate: 96000,     //编码码率
        format: 'mp3',            //音频格式,有效值: aac/mp3
        frameSize: 50,            //指定帧大小,单位: KB
      }
      //开始录音
      recorderManager.start(options);
      recorderManager.onStart(() => {
        console.log('recorder start')
      })
      //错误回调
      recorderManager.onError((res) => {
        console.log(res)
      })
    },
    //停止录音
    touchup: function () {
      wx.showLoading({
        title: '',
        mask: true
      })
      recorderManager.stop();
      recorderManager.onStop((res) => {
        this.tempFilePath = res.tempFilePath
        const { tempFilePath } = res
        //查询用户已有语音,记录,并为文件赋值
        //获取数据库引用
        const db = wx.cloud.database()
        const _ = db.command
```

```
console.log('openId', wx.getStorageSync('openId'))
//查找数据库,获得用户语音数量
db.collection('users').where({
  _openid: wx.getStorageSync('openId')
}).get({
  success(res) {
    // res.data 是包含以上定义的记录的数组
    console.log('查询用户:', res)
    //将名字定为 id 号 + 个数号 + .mp3
    var newyuyin = res.data[0].yuyin + 1
    var filename = wx.getStorageSync('openId') + newyuyin + '.mp3'
    //调用云函数,修改语音数量,向云函数传值
    wx.cloud.callFunction({
      name: 'updateYuyin',
      data: {
        openId: wx.getStorageSync('openId'),
        yuyin: newyuyin
      },
      success: res => {
        //上传录制的音频到云
        wx.cloud.uploadFile({
          cloudPath: 'yuyin/' + filename,
          filePath: tempFilePath,         // 文件路径
          success: res => {
            console.log(res.fileID)
            //保存 fileID 用于播放云文件语音
            wx.setStorageSync('fileIDy', res.fileID)
            //将数据保存到本地
            wx.setStorageSync('filename', filename)
            wx.setStorageSync('ytempFilePath', tempFilePath)
            //关闭加载
            wx.hideLoading()
            //跳转到听语音的页面
            wx.navigateTo({
              url: '../yuyinbao/yuyinbao'
            })
          },
          fail: err => {
          // handle error
          console.error(err)
          }
        })
      }
    })
  },
  fail: err => {

  }
})
setTimeout((() => {
```

```
      //关闭加载
      wx.hideLoading()
    }), 4000)
  },
  //音爆,点爆按钮跳转
  ydianbao: function (e) {
    wx.showToast({
      title: '请输入点爆语音',
    })
  }
})
```

4. 运行效果图

图 7.19 和图 7.20 分别为文字记录与语音记录爆文的实现效果图。

图 7.19 文字记录爆文实现效果　　　　图 7.20 语音记录爆文实现效果

5. 语音试听页面制作

在文本记录方式下的"点爆"按钮单击后直接进入点爆方式选择界面,而语音记录方式中,为了让用户能试听自己的录音,需要增加一个试听页面。语音试听页面与语音记录页面几乎相同,只是改变录音按钮为语音播放按钮。

首先需要配置 app.json,新建 voicebao 页面。

```
<view class = "the_header">
  <text>点爆-抑制不住的心情</text>
  <image src = "/images/fencun.png"></image>
</view>
<view class = "the_nav">
  <text class = "item">文字记录</text>
  <text class = "item active">语音记录</text>
</view>
<form class = "show">
  <view class = "the_main">
    <text space = "ensp">我们在路上,点爆,让时间忘不掉你的脚步!</text>
    <view class = "yuyin">
      <image src = "/images/yuyin.png" bindtap = "play"></image>
    </view>
  </view>
  <view class = "the_check">
    <radio-group bindchange = "changeMood">
      <radio checked = "checked" value = '红色'>红色心情</radio>
      <radio value = '黑色'>黑色心情</radio>
    </radio-group>
  </view>
  <view class = "the_button">
    <button bindtap = "dianbao">点爆</button>
  </view>
</form>
```

然后为语音播放按钮增加一个单击事件 play 方法。在 voicebao.js 中实现音频播放,创建一个内部 audio 上下文 InnerAudioContext 对象,用于播放音频,设置音频自动播放与音频路径。通过 onUnload 和 onHide 对音频播放进行控制,进入点爆方式选择界面时将爆文信息保存到本地。

```
//音频组件控制
const innerAudioContext = wx.createInnerAudioContext()
Page({
  data: {
    navber: ['文字记录', '语音记录'],
    currentTab: 2,
    ymood: '红色',
    theplay: true
  },
  //播放声音
  play: function () {
    //使用一个 theplay 变量防止重复播放
    if (this.data.theplay) {
      this.setData({
        theplay: false
      })
      innerAudioContext.autoplay = true
```

```
      innerAudioContext.src = wx.getStorageSync('ytempFilePath'),
      innerAudioContext.onPlay(() => {
        console.log('开始播放')
      }),
      innerAudioContext.onEnded(() => {
        this.setData({
          theplay: true
        })
      })
      innerAudioContext.onError((res) => {
        console.log(res.errMsg)
      })
    }
  },
  //页面被卸载时执行
  onUnload: function () {
    innerAudioContext.stop()
  },
  //当单击"下一步"按钮后如果语音在播放则关闭
  onHide: function () {
    innerAudioContext.stop()
  },
  //音爆,单选按钮组
  changeMood: function (e) {
    this.setData({
      ymood: e.detail.value
    })
  },
  //音爆,点爆按钮跳转
  dianbao: function (e) {
    let ymood = this.data.ymood
    var wy = 'y'
    //将数据保存到本地,保存语音判断
    wx.setStorageSync('ymood', ymood)
    wx.setStorageSync('wy', wy)
    //跳转页面
    wx.navigateTo({
      url: '../selectbao/selectbao'
    })
  },
})
```

实现效果图如图 7.21 所示。

完成语音试听页面的制作后,现在可以进行录音功能的测试。在语音记录界面中对录音进行授权后,按住"录音"按钮开始录音,当松开"录音"按钮后页面会自动跳转到录音试听页面。打开云开发控制台查看云存储中的 voice 文件,可以发现成功保存了一条语音文件,如

图 7.21 语音播放功能界面

图 7.22 所示,说明录音功能已测试成功。

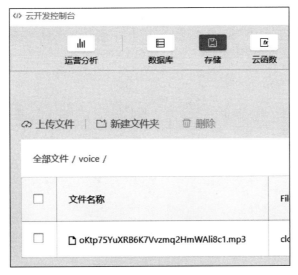

图 7.22　云存储中保存的录音文件

6. 点爆方式选择页面制作

在 app.json 中配置页面路径增加 selectbao 点爆方式选择,编译创建页面文件,点爆方式选择页面通过单选按钮组选择跳转到相应的点爆页面。

```
<view class = "the_header">
  <text>选择点爆方式</text>
  <image src = "/images/fencun.png"></image>
</view>
<view class = "select_check">
  <radio-group bindchange = "selectway">
    <radio checked = 'true' value = '爆炸之音'>爆炸之音</radio>
    <radio value = '疯狂单击'>疯狂单击</radio>
    <radio value = '糖果点爆'>糖果点爆</radio>
  </radio-group>
</view>
<view class = "select_button">
  <button bindtap = "next">下一步</button>
</view>
```

给单选按钮组增加 bindchange 属性的方法,控制获取所选项,当单击"下一步"按钮时触发单击事件,通过 next 方法判断跳转不同的页面。

```
Page({
  data: {
    wway: '爆炸之音'
  },
  selectway: function (e) {
    this.setData({
      wway: e.detail.value
    })
```

```
    },
    next: function () {
      let wway = this.data.wway
      wx.setStorageSync('wway', wway)
      if (wway == '爆炸之音') {
        wx.navigateTo({
          url: '../selecty/selecty'
        })
      } else if (wway == '疯狂单击') {
        wx.navigateTo({
          url: '../selectd/selectd'
        })
      } else {
        wx.navigateTo({
          url: '../selectt/selectt'
        })
      }
    },
    onLoad: function () {
      wx.setNavigationBarTitle({
        title: '点爆方式'
      })
    }
  })
```

实现效果图如图 7.23 所示。

图 7.23　点爆方式选择功能界面

7. 爆炸之音方式制作

在 app.json 中增加"爆炸之音录音"页面 selecty 和"爆炸之音确认"页面 selectyok，在 selecty 中进行录音操作，在 selectyok 中进行语音试听和爆文发布操作。

在 selecty.wxml 中设置一个 button 录音按钮，并使用 bindtouchstart 和 bindtouchend 属性进行录音控制，与语音记录相同。

```
<view class="the_header">
  <text>爆炸之音</text>
  <image src="/images/fencun.png"></image>
</view>
<view class="button1">
  <button bindtouchstart="touchdown" bindtouchend="touchup">
    <image src="/images/yuyin5.png"></image>
  </button>
</view>
```

在录音过程中调用帧文件监听的回调事件 RecorderManager.onFramRecorded (function callback) 对帧文件进行监听，用 sum 记录帧文件的大小，用 sumt 记录帧文件的个数。

```
//监听帧文件
recorderManager.onFrameRecorded((res) => {
  const { frameBuffer } = res
  sum += frameBuffer.byteLength
```

```
    sumt++
})
```

在停止录音后,使用以下算法对热度值进行简单计算。

```
if (sumt > 10) {
    var wn = (sum - 1500) / (sumt - 1) - 2300
} else {
    var wn = (sum - 1500) / (sumt - 1) - 3000
}
```

在云开发控制台存储中新建 baovoice 文件夹用于保存爆炸之音所录的语音,同时新建云函数 updateBaovoice,云函数用于修改用户 users 表中 baovoice 的数量值,用于记录用户所录入爆炸之音的个数和对语音文件进行命名,如图 7.24 所示。

(a) 云存储中创建文件夹　　　　(b) 新建云函数

图 7.24　云存储中创建文件夹并新建函数

云函数创建并完成配置与编写后,上传并部署。

```
updateBaovoice/index.js
// 云函数入口文件
const cloud = require('wx-server-sdk')
cloud.init()
//声明数据库
const db = cloud.database()
// 云函数入口函数
exports.main = async (event, context) => {
    //取得传过来的参数
    var baovoice = event.baovoice, openId = event.openId;
    //云函数,更新
    try {
        return await db.collection('users').where({
            _openid: openId
        }).update({
```

```
        data: {
          baovoice: baovoice
        },
        success: res => {
          console.log('云函数成功')
        },
        fail: e => {
          console.error(e)
        }
      })
    } catch (e) {
      console.error(e)
    }
  }
}
```

在 JS 中对语音进行操作,完成录音后跳转到爆炸之音确认页面 selectyok。

```
//录音管理
const recorderManager = wx.getRecorderManager()
var tempFilePath
var sum = 0
var sumt = 0;
Page({
  data: {
  },
  //按钮点下开始录音
  touchdown: function () {
    const options = {
      duration: 300000,                    //指定录音的时长,单位: ms
      sampleRate: 16000,                   //采样率
      numberOfChannels: 1,                 //录音通道数
      encodeBitRate: 96000,                //编码码率
      format: 'mp3',                       //音频格式,有效值: aac/mp3
      frameSize: 5                         //指定帧大小,单位: KB
    }
    //监听帧文件
    recorderManager.onFrameRecorded((res) => {
      const { frameBuffer } = res
      sum += frameBuffer.byteLength
      sumt++
    })
    //开始录音
    recorderManager.start(options);
    recorderManager.onStart(() => {
      console.log('recorder start')
    })
    //错误回调
    recorderManager.onError((res) => {
      console.log(res);
    })
  },
```

```
//停止录音
touchup: function () {
  wx.showLoading({
    title: '',
    mask: true
  })
  recorderManager.stop();
  if (sumt > 10) {
    var wn = (sum - 1500) / (sumt - 1) - 2300
  } else {
    var wn = (sum - 1500) / (sumt - 1) - 3000
  }
  wx.setStorageSync('wnum', parseInt(wn))
  sum = 0
  sumt = 0
  recorderManager.onStop((res) => {
    this.tempFilePath = res.tempFilePath
    console.log('停止录音', res.tempFilePath)
    const { tempFilePath } = res
    //查询用户已有语音,记录,并为文件赋值
    //获取数据库引用
    const db = wx.cloud.database()
    const _ = db.command
    //查找数据库,获得用户语音数量
    db.collection('users').where({
      _openid: wx.getStorageSync('openId')
    }).get({
      success(res) {
        // res.data 是包含以上定义的记录的数组
        console.log('查询用户:', res)
        //将名字定为 id 号 + 个数号 + .mp3
        var newbaovoice = res.data[0].baovoice + 1
        var baofilename = wx.getStorageSync('openId') + newbaovoice + '.mp3'
        //调用云函数,修改爆语音数量,向云函数传值
        wx.cloud.callFunction({
          name: 'updateBaovoice',
          data: {
            openId: wx.getStorageSync('openId'),
            baovoice: newbaovoice
          },
          success: res => {
            //上传录制的音频到云
            wx.cloud.uploadFile({
              cloudPath: 'baovoice/' + baofilename,
              filePath: tempFilePath,          // 文件路径
              success: res => {
                console.log(res.fileID)
                //保存点爆语音 fileID,方便后面播放
                wx.setStorageSync('fileIDd', res.fileID)
                //将数据保存到本地
                wx.setStorageSync('baofilename', baofilename)
```

```
              wx.setStorageSync('ybaotempFilePath', tempFilePath)
              //关闭加载
              wx.hideLoading()
              //跳转到听语音的页面
              wx.navigateTo({
                url: '../selectyok/selectyok'
              })
            },
            fail: err => {
              // handle error
              console.error(err)
            }
          })
        }
      })
    },
    fail: err => {
    }
  })
})
setTimeout((() => {
  //关闭加载
  wx.hideLoading()
}), 4000)
},
onLoad: function () {
  wx.setNavigationBarTitle({
    title: '爆炸之音'
  })
}
})
```

爆炸之音确认页面代码如下。

```
<view class = "the_header">
  <text>爆炸之音</text>
  <image src = "/images/fencun.png"></image>
</view>
<view class = "button1">
  <image src = "/images/yuyin6.png" bindtap = "play"></image>
  <text>爆炸热度：{{wtemperature}}</text>
</view>
<view class = "selectd_button">
  <button bindtap = "add">确定</button>
</view>
<view class = "the_btn">
  <button bindtap = "seal">封存</button>
</view>
```

此外，需要新建两个集合，分别用于存放爆文信息集合（bao）和封存信息集合（seal），如图 7.25 所示。

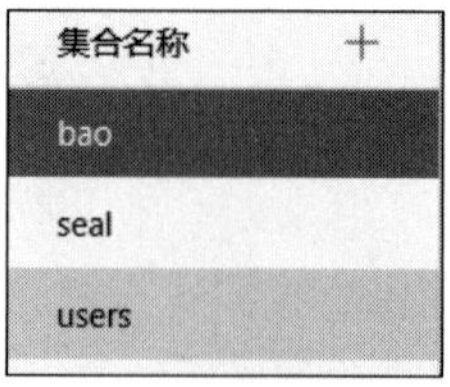

图 7.25　新建的两个集合 bao 与 seal

两个集合的结构相同,如表 7.2 所示。

表 7.2 爆文信息集合与封存信息集合结构表

字 段 名	数 据 类 型	主 键	非 空	描 述
_id	string	是	是	ID
_openid	string		是	用户唯一标识
avaterUrl	string			头像图片
gender	string			性别
province	string			地区
temperature	number			热度值
userId	string			ID
username	string			用户名
wmood	string			心情颜色(文本)
text	string			爆文文本
time	string			操作时间
wway	string			点爆方式(文本)
ymood	string			心情颜色(语音)
yway	string			点爆方式(语音)
filename	string			语音文件名
fileIDd	string			爆炸之音地址
baofilename	string			爆炸之音文件名

接下来,需要在 miniprogram 下新建 utils 文件,同时在 utils 文件下新建一个 utils.js 文件,用于创建事件函数。

```
utils.js
  const formatTime = date => {
    const year = date.getFullYear()
    const month = date.getMonth() + 1
    const day = date.getDate()
    const hour = date.getHours()
    const minute = date.getMinutes()
    const second = date.getSeconds()
    return [year, month, day].map(formatNumber).join('/') + ' ' + [hour, minute, second].map(formatNumber).join(':')
  }
  const formatDate = date => {
    const year = date.getFullYear()
    const month = date.getMonth() + 1
    const day = date.getDate()
    return [year, month, day].map(formatNumber).join('-')
  }
  const formatNumber = n => {
    n = n.toString()
    return n[1] ? n : '0' + n
  }
  module.exports = {
    formatTime: formatTime,
```

```
        formatDate: formatDate
    }
```

JS模块加载require方法,引用utils.js文件,获取一个util对象,调用对象中的formatTime方法来获取当前时间。

```
var util = require('../../utils/utils.js');
```

selectyok.js用于完成录音的试听,同时通过爆文记录页面保存在本地的wy变量值,判断是文本记录还是语音记录,从而设置不同的data属性列表,完整的selectyok.js代码如下。

```
var util = require('../../utils/utils.js');
//音频组件控制
const innerAudioContext = wx.createInnerAudioContext()
const db = wx.cloud.database()
const _ = db.command;
Page({
  data: {
    wtemperature: 0,
    theplay: true
  },
  //播放声音
  play: function () {
    if (this.data.theplay) {
      this.setData({
        theplay: false
      })
      innerAudioContext.autoplay = true
      innerAudioContext.src = wx.getStorageSync('ybaotempFilePath'),
      innerAudioContext.onPlay(() => {
        console.log('开始播放')
      }),
      innerAudioContext.onEnded(() => {
        this.setData({
          theplay: true
        })
      })
      innerAudioContext.onError((res) => {
        console.log(res.errMsg)
        console.log(res.errCode)
      })
    }
  },
  //页面被卸载时被执行
  onUnload: function () {
    innerAudioContext.stop();
  },
  //当单击确认后如果语音在播放则关闭
  onHide: function () {
    innerAudioContext.stop()
```

```
    },
    //爆文发布
    add: function () {
      wx.showLoading({
        title: '',
        mask: true
      })
      var wy = wx.getStorageSync("wy")
      if(wy == "w"){
        var data = {
          userId: wx.getStorageSync('userId'),
          openId: wx.getStorageSync('openId'),
          username: wx.getStorageSync('username'),
          gender: wx.getStorageSync('gender'),
          province: wx.getStorageSync('province'),
          avaterUrl: wx.getStorageSync('avater'),
          text: wx.getStorageSync('wtext'),
          wmood: wx.getStorageSync('wmood'),
          wway: wx.getStorageSync('wway'),
          baofilename: wx.getStorageSync('baofilename'),
          fileIDd: wx.getStorageSync('fileIDd'),
          temperature: wx.getStorageSync('wnum'),
          time: util.formatTime(new Date())
        }
      }else{
        var data = {
          userId: wx.getStorageSync('userId'),
          openId: wx.getStorageSync('openId'),
          username: wx.getStorageSync('username'),
          gender: wx.getStorageSync('gender'),
          province: wx.getStorageSync('province'),
          avaterUrl: wx.getStorageSync('avater'),
          filename: wx.getStorageSync('filename'),
          fileIDy: wx.getStorageSync('fileIDy'),
          ymood: wx.getStorageSync('ymood'),
          yway: wx.getStorageSync('wway'),
          baofilename: wx.getStorageSync('baofilename'),
          fileIDd: wx.getStorageSync('fileIDd'),
          temperature: wx.getStorageSync('wnum'),
          time: util.formatTime(new Date())
        }
      }
      db.collection('bao').add({
        data: data,
        success: res => {
          console.log('bao 存入成功')
          wx.showToast({
            title: '点爆成功',
          })
          setTimeout(() => {
            wx.navigateTo({
```

```
          url: '../success/success'
        })
      }, 1000)
      wx.hideLoading()
    }
  })
},
//封存
seal: function () {
  wx.showLoading({
    title: '',
    mask: true
  })
  var wy = wx.getStorageSync("wy")
  if (wy == "w") {
    var data = {
      userId: wx.getStorageSync('userId'),
      openId: wx.getStorageSync('openId'),
      username: wx.getStorageSync('username'),
      gender: wx.getStorageSync('gender'),
      province: wx.getStorageSync('province'),
      avaterUrl: wx.getStorageSync('avater'),
      text: wx.getStorageSync('wtext'),
      wmood: wx.getStorageSync('wmood'),
      wway: wx.getStorageSync('wway'),
      baofilename: wx.getStorageSync('baofilename'),
      fileIDd: wx.getStorageSync('fileIDd'),
      temperature: wx.getStorageSync('wnum'),
      time: util.formatTime(new Date())
    }
  } else {
    var data = {
      userId: wx.getStorageSync('userId'),
      openId: wx.getStorageSync('openId'),
      username: wx.getStorageSync('username'),
      gender: wx.getStorageSync('gender'),
      province: wx.getStorageSync('province'),
      avaterUrl: wx.getStorageSync('avater'),
      filename: wx.getStorageSync('filename'),
      fileIDy: wx.getStorageSync('fileIDy'),
      ymood: wx.getStorageSync('ymood'),
      yway: wx.getStorageSync('wway'),
      baofilename: wx.getStorageSync('baofilename'),
      fileIDd: wx.getStorageSync('fileIDd'),
      temperature: wx.getStorageSync('wnum'),
      time: util.formatTime(new Date())
    }
  }
  db.collection('seal').add({
    data: data,
    success: res => {
```

```
      console.log('seal 存入成功')
      wx.showToast({
        title: '封存成功',
      })
      setTimeout(() => {
        wx.navigateTo({
          url: '../success/success'
        })
      }, 1000)
      wx.hideLoading()
    }
  })
},
onLoad: function () {
  wx.setNavigationBarTitle({
    title: '爆炸之音'
  })
  let temperature = wx.getStorageSync('wnum')
  this.setData({
    wtemperature: temperature
  })
}
})
```

实现效果图如图 7.26 所示,可以看到爆炸热度为 -1500,原因是在开发者工具的模拟器中所进行的录音功能对于录音文件与移动端格式不同,所以热度值无法计算。

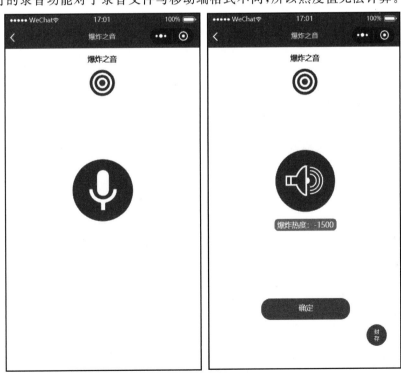

图 7.26　爆炸之音实现效果图

接下来,需要创建爆文操作成功后提示页面 success。success 页面只显示一个成功的提示文字,然后通过延时定时器自动或手动单击跳转到首页。

```
success.wxml
 <view class = "the_header">
   <text>点爆成功</text>
   <image src = "/images/fencun.png"></image>
 </view>
 <view class = "button1" bindtap = "goindex">
   <image src = "/images/baook.png"></image>
 </view>
```

让导航页面重新加载,跳转导航的页面可以通过 switchTab,但默认情况是不会重新加载数据的,通过这三行代码,当进入首页 index 时,让页面重新加载调用页面的 onLoad 方法,达到刷新数据的作用。

```
var page = getCurrentPages().pop();
if (page == undefined || page == null) return;
page.onLoad();
```

success.js 的完整代码如下。

```
Page({
  data: {
  },
  goindex: function () {
    wx.switchTab({
      url: '../index/index',
    })
  },
  //监听页面自动跳转
  onShow: function () {
    setTimeout(() => {
      wx.reLaunch({
        url: '../index/index',
        success: function (e) {
          var page = getCurrentPages().pop();
          if (page == undefined || page == null) return;
          page.onLoad();
        }
      })
    }, 2000)
  },
  onLoad: function () {
    //对本地数据初始化,防止点爆导航页面数据残留
    wx.setStorageSync('wtext', '')
    wx.setStorageSync('wmood', 'red')
    wx.setStorageSync('wway', '1')
    wx.setStorageSync('wnum', 0)
  }
})
```

可以在数据库中查看添加的数据,如图 7.27 所示,说明点爆与发布成功。

图 7.27 写入数据库中的点爆与发布数据

8. 制作疯狂单击点爆方式

疯狂单击为用户提供 60s 的按钮单击时间,同时单击过程中有背景音乐,系统根据用户单击按钮的次数来进行热度值的计算。

```
< view class = "the_header">
  < text >疯狂单击</text >
  < image src = "/images/fencun.png"></image >
</view >
< view class = "button1">
  < button hover - start - time = '100' hover - stay - time = '1' bindtap = 'dianji'>
    < image src = "/images/button1.png"></image >
  </button >
</view >
< view class = "selectd_button">
  < button disabled = "{{disabled}}" bindtap = "start">{{btext}}</button >
</view >
```

背景音乐使用:通过 BackgroundAudioManager 背景音频管理器来进行背景音乐的播放。在云开发控制台存储中新建背景音乐文件夹 bg,上传 mp3 格式背景音频文件,复制 File ID,给管理器 backgroundAudioManager 设置好音频标题 title,专辑名 epname 和音频数据源 src。当 src 设置后音频自动开始播放,这里直接将云存储中音频文件的 File ID 赋给 src 即可实现播放云端音频文件,如图 7.28 所示。

具体实现代码如下。

```
const backgroundAudioManager = wx.getBackgroundAudioManager()
Page({
  data: {
    num: 0,
```

图 7.28 背景音乐文件存储

```
      btext: '开始',
      disabled: false,
      dok: false
    },
    //如果页面被卸载时被执行,停止背景音频播放
    onUnload: function () {
      backgroundAudioManager.stop();
    },
    //开始计数
    start: function () {
      //如果按钮为开始,进行开始的操作,否则跳转页面
      if (this.data.btext == '开始') {
        let ber = 60
        backgroundAudioManager.title = '单击'
        backgroundAudioManager.epname = '单击'
        backgroundAudioManager.src = 'cloud://dbx-s55q1.6462-dbx-s55q1/bg/dianjif.mp3'
        //开始计数后让单击变为 true 可以记录值
        this.setData({
          btext: ber,
          disabled: true,
          dok: true
        })
        //设置秒数减少定时器,减少完后让单击不再计数 dok:false
        let dian = setInterval(() => {
          ber--
          if (ber == -1) {
            backgroundAudioManager.stop();
            this.setData({
              btext: '下一步',
              disabled: false,
              dok: false
            })
```

```
          clearInterval(dian)
        } else {
          this.setData({
            btext: ber
          })
        }
      }, 1000)
    } else {
    //记录单击数量值到本地
    wx.setStorageSync('wnum', this.data.num)
    wx.navigateTo({
      url: '../selectdok/selectdok'
    })
  }
},
  //单击,当开始后才记录单击次数
  dianji: function () {
    let n = this.data.num
    if (this.data.dok) {
      n++
      this.setData({
        num: n
      })
    }
  },
  onLoad: function () {
    wx.setNavigationBarTitle({
      title: '疯狂单击'
    })
  }
})
```

此时进行测试会发现背景音频在播放时,Console 中报如图 7.29 所示错误。

▶若需要小程序在退到后台后继续播放音频，你需要在 app.json 中配置 requiredBackgroundModes 属性，详见: https://developers.weixin.qq.com/miniprogram/dev/framework/config.html#requiredbackgroundmodes VM8841:5

图 7.29 错误信息

此时需要在 app.json 中加入下面这条语句,通过 requiredBackgroundModes 声明需要后台运行的能力,audio 后台音乐播放。

```
"requiredBackgroundModes": [
"audio"
],
```

实现效果如图 7.30 所示。

9. 疯狂单击确认页面制作

代码如下。

selectdok.wxml

```
<view class = "the_header">
  <text>疯狂单击</text>
  <image src = "/images/fencun.png"></image>
</view>
<view class = "button1">
  <image src = "/images/button2.png"></image>
  <text>爆炸热度:{{wtemperature}}</text>
</view>
<view class = "selectd_button">
  <button bindtap = "add">确定</button>
</view>
<view class = "the_btn">
  <button bindtap = "seal">封存</button>
</view>
```

selectdok.js
```
var util = require('../../utils/utils.js');
const db = wx.cloud.database()
const _ = db.command;
Page({
  data: {
    wtemperature: 0
  },
  add: function () {
    wx.showLoading({
      title: '',
      mask: true
    })
    var wy = wx.getStorageSync("wy")
    if (wy == "w") {
      var data = {
        userId: wx.getStorageSync('userId'),
        openId: wx.getStorageSync('openId'),
        username: wx.getStorageSync('username'),
        avaterUrl: wx.getStorageSync('avater'),
        gender: wx.getStorageSync('gender'),
        province: wx.getStorageSync('province'),
        wtext: wx.getStorageSync('wtext'),
        wmood: wx.getStorageSync('wmood'),
        wway: wx.getStorageSync('wway'),
        temperature: wx.getStorageSync('wnum') * 10,
        wtime: util.formatTime(new Date())
      }
    } else {
      var data = {
        userId: wx.getStorageSync('userId'),
        openId: wx.getStorageSync('openId'),
        username: wx.getStorageSync('username'),
        gender: wx.getStorageSync('gender'),
        province: wx.getStorageSync('province'),
        avaterUrl: wx.getStorageSync('avater'),
```

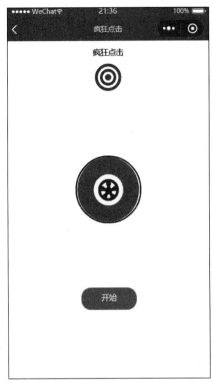

图 7.30 疯狂单击实现效果图

```javascript
          filename: wx.getStorageSync('filename'),
          fileIDy: wx.getStorageSync('fileIDy'),
          ymood: wx.getStorageSync('ymood'),
          yway: wx.getStorageSync('wway'),
          temperature: wx.getStorageSync('wnum') * 10,
          ytime: util.formatTime(new Date())
        }
      }
      db.collection('bao').add({
        data: data,
        success: res => {
          console.log('bao存入成功')
          wx.showToast({
            title: '点爆成功',
          })
          setTimeout(() => {
            wx.navigateTo({
              url: '../selectok/selectok'
            })
          }, 1000)
          wx.hideLoading()
        }
      })
    },
    //封存
    seal: function () {
      wx.showLoading({
        title: '',
        mask: true
      })
      var wy = wx.getStorageSync("wy")
      if (wy == "w") {
        var data = {
          userId: wx.getStorageSync('userId'),
          openId: wx.getStorageSync('openId'),
          username: wx.getStorageSync('username'),
          avaterUrl: wx.getStorageSync('avater'),
          gender: wx.getStorageSync('gender'),
          province: wx.getStorageSync('province'),
          wtext: wx.getStorageSync('wtext'),
          wmood: wx.getStorageSync('wmood'),
          wway: wx.getStorageSync('wway'),
          temperature: wx.getStorageSync('wnum') * 10,
          wtime: util.formatTime(new Date())
        }
      } else {
        var data = {
          userId: wx.getStorageSync('userId'),
          openId: wx.getStorageSync('openId'),
          username: wx.getStorageSync('username'),
          gender: wx.getStorageSync('gender'),
```

```
          province: wx.getStorageSync('province'),
          avaterUrl: wx.getStorageSync('avater'),
          filename: wx.getStorageSync('filename'),
          fileIDy: wx.getStorageSync('fileIDy'),
          ymood: wx.getStorageSync('ymood'),
          yway: wx.getStorageSync('wway'),
          temperature: wx.getStorageSync('wnum') * 10,
          ytime: util.formatTime(new Date())
        }
      }
      db.collection('seal').add({
        data: data,
        success: res => {
          console.log('seal 存入成功')
          wx.showToast({
            title: '点爆成功',
          })
          setTimeout(() => {
            wx.navigateTo({
              url: '../selectok/selectok'
            })
          }, 1000)
          wx.hideLoading()
        }
      })
    },
    onLoad: function () {
      let temperature = wx.getStorageSync('wnum') * 10
      this.setData({
        wtemperature: temperature
      })
    }
  })
```

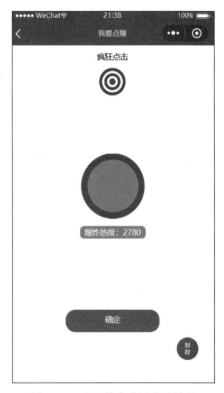

实现效果如图 7.31 所示。　　　　　　　　　　图 7.31　疯狂单击确认实现效果

10. 制作糖果点爆页面

app.json 中增加 selectt 糖果点爆页面显示用户数量,用户输入要使用的糖果数,系统根据糖果数量提供热度值。

```
selectt.wxml
<view class = "the_header">
  <text>糖果点爆</text>
  <image src = "/images/fencun.png"></image>
</view>
<view class = "button1">
<view class = "button1_tang">
<label>
  糖果数量:<input type = "number" value = "{{t}}" bindinput = "setTang"
  maxlength = "{{3}}"/>
</label>
```

```
  <text>拥有糖果:{{userTang}}</text>
</view>
  <text>爆炸热度:{{wnum}}</text>
</view>
<view class = "selectd_button">
  <button bindtap = "add">确定</button>
</view>
<view class = "the_btn">
  <button bindtap = "seal">封存</button>
</view>
```

糖果点爆操作中在用户使用了糖果后,需要使用一个云函数来修改用户的糖果数量,新建一个 updateSweet 云函数。

```
const cloud = require('wx-server-sdk')
cloud.init()
const db = cloud.database()
exports.main = async (event, context) => {
  var userSweet = event.userSweet, openId = event.openId;
  try {
    return await db.collection('users').where({
      _openid: openId
    }).update({
      data: {
        userSweet: userSweet
      },
      success: res => {
        console.log('云函数成功')
      },
      fail: e => {
        console.error(e)
      }
    })
  } catch (e) {
    console.error(e)
  }
}
```

selectt.js 完整代码如下。

```
var util = require('../../utils/utils.js');
const db = wx.cloud.database()
const _ = db.command;
Page({
  data: {
    userSweet: 0,
    wnum: 0,
    t: 0
  },
```

```
onLoad: function () {
  wx.setNavigationBarTitle({
    title: '糖果点爆'
  })
  db.collection('users').where({
    _openid: wx.getStorageSync('openId')
  }).get({
    success: res => {
      this.setData({
        userSweet: res.data[0].userSweet
      })
    },
    fail: console.error
  })
},
setSweet: function (event) {
  var sweet = event.detail.value
  this.setData({
    wnum: sweet * 100,
    t: sweet
  })
},
add: function () {
  wx.showLoading({
    title: '',
    mask: true
  })
  //判断糖果输入
  if (this.data.t == 0 || this.data.t > this.data.userSweet) {
    wx.showToast({
      title: '糖糖有误',
    })
    this.setData({
      t: 0,
      wnum: 0
    })
    return
  }
  var wy = wx.getStorageSync("wy")
  if (wy == "w") {
    var data = {
      userId: wx.getStorageSync('userId'),
      openId: wx.getStorageSync('openId'),
      username: wx.getStorageSync('username'),
      gender: wx.getStorageSync('gender'),
      province: wx.getStorageSync('province'),
      avaterUrl: wx.getStorageSync('avater'),
      wtext: wx.getStorageSync('wtext'),
      wmood: wx.getStorageSync('wmood'),
      wway: wx.getStorageSync('wway'),
      temperature: this.data.wnum,
```

```
          wtime: util.formatTime(new Date())
        }
      } else {
        var data = {
          userId: wx.getStorageSync('userId'),
          openId: wx.getStorageSync('openId'),
          username: wx.getStorageSync('username'),
          gender: wx.getStorageSync('gender'),
          province: wx.getStorageSync('province'),
          avaterUrl: wx.getStorageSync('avater'),
          filename: wx.getStorageSync('filename'),
          fileIDy: wx.getStorageSync('fileIDy'),
          ymood: wx.getStorageSync('ymood'),
          yway: wx.getStorageSync('wway'),
          temperature: this.data.wnum,
          wtime: util.formatTime(new Date())
        }
      }
      db.collection('bao').add({
        data: data,
        success: res => {
          console.log('bao存入成功')
          var newSweet = this.data.userSweet - this.data.t
          //调用云函数,修改糖果数量
          wx.cloud.callFunction({
            name: 'updateSweet',
            data: {
              openId: wx.getStorageSync('openId'),
              userSweet: newSweet
            },
            success: res => {
              wx.showToast({
                title: '点爆成功',
              })
              setTimeout(() => {
                wx.navigateTo({
                  url: '../selectok/selectok'
                })
              }, 1000)
              wx.hideLoading()
            }
          })
        }
      })
    },
    seal: function () {
      //判断糖果输入
      if (this.data.t == 0 || this.data.t > this.data.userSweet) {
        wx.showToast({
          title: '糖糖有误',
        })
```

```
        this.setData({
          t: 0,
          wnum: 0
        })
        return
      }
      wx.showLoading({
        title: '',
        mask: true
      })
      var wy = wx.getStorageSync("wy")
      if (wy == "w") {
        var data = {
          userId: wx.getStorageSync('userId'),
          openId: wx.getStorageSync('openId'),
          username: wx.getStorageSync('username'),
          gender: wx.getStorageSync('gender'),
          province: wx.getStorageSync('province'),
          avaterUrl: wx.getStorageSync('avater'),
          wtext: wx.getStorageSync('wtext'),
          wmood: wx.getStorageSync('wmood'),
          wway: wx.getStorageSync('wway'),
          temperature: this.data.wnum,
          wtime: util.formatTime(new Date())
        }
      } else {
        var data = {
          userId: wx.getStorageSync('userId'),
          openId: wx.getStorageSync('openId'),
          username: wx.getStorageSync('username'),
          gender: wx.getStorageSync('gender'),
          province: wx.getStorageSync('province'),
          avaterUrl: wx.getStorageSync('avater'),
          filename: wx.getStorageSync('filename'),
          fileIDy: wx.getStorageSync('fileIDy'),
          ymood: wx.getStorageSync('ymood'),
          yway: wx.getStorageSync('wway'),
          temperature: this.data.wnum,
          wtime: util.formatTime(new Date())
        }
      }
      db.collection('seal').add({
        data: data,
        success: res => {
          console.log('seal存入成功')
          var newSweet = this.data.userSweet - this.data.t
          //调用云函数,修改糖果数量
          wx.cloud.callFunction({
            name: 'updateSweet',
            data: {
              openId: wx.getStorageSync('openId'),
```

```
          userSweet: newSweet
        },
        success: res => {
          wx.showToast({
            title: '点爆成功',
          })
          setTimeout(() => {
            wx.navigateTo({
              url: '../success/success'
            })
          }, 1000)
          wx.hideLoading()
        }
      })
    }
  })
},
})
```

实现效果如图7.32所示。

以上项目中所有的向云数据库中的存储操作就基本完成了,下面实现从云端获取数据。

图7.32 糖果点爆实现效果

7.3 从云端获取数据

先来看首页index的制作。首页分为4个数据列表导航页面,页面具体内容如下。

(1) 推荐:为用户推荐最新的点爆信息,它包含文本点爆内容和语音点爆内容。
(2) 文爆:筛选出文字点爆内容,只显示文字点爆内容。
(3) 音爆:筛选出语音点爆内容,只显示语音点爆内容。
(4) 爆榜:将点爆内容取前20名进入排行。

7.3.1 页面内数据列表滚动及导航切换后数据列表都在顶部实现

由于我们使用的头部导航栏是通过数据绑定在同一页面进行切换,所以当一个页面内数据列表向下滚动后,切换导航后页面的 scrollTop 值已经改变,所以当从一个滚动过的导航数据列表切换到另一个导航数据列表时,不能保持当前导航下数据列表在顶部,而会包含一个 scrollTop 值,下面就来实现导航切换后,数据列表为顶部位置。

在 WXML 中使用可滚动视图区域 scroll-view 组件作为数据列表的容器,WXML 中设置组件 scroll-y="true" 为 y 轴滚动,同时通过数据绑定 scroll-top="{{scrollTop}}" 设置竖向滚动条位置,设置组件绝对定位样式。

```
<scroll-view scroll-y="true" scroll-top="{{scrollTop}}" style="position:absolute;
top:0; left:0; right:0; bottom:0;">
</scroll-view>
```

在 JS 中,给 scrollTop 设置初值为 0,让页面打开时滚动条就在顶部。

```
data: {
    scrollTop: 0,
}
```

在每一次导航切换时,都将 scrollTop 的值重新赋值为 0,保证当前导航页面滚动条在顶部。

```
this.setData({
    scrollTop: 0
})
```

7.3.2 实现数据列表加载功能

在组件中使用 wx:for 进行控制属性绑定一个数组,使用数组中各项的数据重复渲染该组件。

wx:for-item 指定数组当前元素变量名,将数据的 id 赋值给 wx:key 以便提高渲染效率,同时将数据的 id 赋值给 id 属性,方便跳转到详情页面。

使用 block 标签来进行条件渲染,<block/> 并不是一个组件,它仅仅是一个包装元素,不会在页面中做任何渲染,只接受控制属性,使用 block 标签来进行条件渲染是一个很好的选择。例如:

```
<view class = "content_item" wx:for = "{{tarray}}"
  wx:for-item = "recommend" wx:key = "{{recommend._id}}" id = "{{recommend._id}}">
    <block wx:if = "{{recommend.text}}">
      <text>{{recommend.text}}</text>
    </block>
</view>
```

当然,也可以直接在组件中使用 wx:if,例如,在文爆中控制只显示文本类爆文。

```
<view class = "content_item" bindtap = "goopen" wx:for = "{{tarray}}"
  wx:for-item = "textbao" wx:key = "{{textbao._id}}" id = "{{textbao.detailId}}"
  wx:if = "{{textbao.text}}">
</view>
```

在 data 中初始化一个数组 tarray,用于保存从数据库中获取到的推荐爆文数据。

```
data: {
    tarray: [],
}
```

orderBy 指定按照时间逆序排序,limit 指定查询结果集数量上限为 20,即最开始只从数据库获取 20 条数据,通过上拉加载来获取更多的数据。

```
// 推荐数据
db.collection('bao').orderBy('time', 'desc').limit(20)
.get({
    success: res => {
        this.setData({
            tarray: res.data
```

```
    })
  }
});
```

上拉加载,设置一个 lnum1 变量来记录当前页面有多少条数据,每次上拉获取 10 条数据,使用 skip 实现上拉加载更多,skip 指定返回结果从指定序列后的结果开始返回。

```
// 推荐数据
db.collection('bao').orderBy('wtime', 'desc').skip(lnum1).limit(10)
.get({
  success: res => {
    this.setData({
      tarray: this.data.tarray.concat(res.data),
      lnum1: lnum1 + 10
    })
  }
});
```

这里给出 index.wxml 的完整代码,如下。

```
<!-- index.wxml -->
<view class="header">
  <label>
    <input type="text" bindtap="search"/>
  </label>
  <view class="navbar">
    <text class="item {{currentTab == index ? 'active' : ''}}" wx:for="{{navber}}"
    data-index="{{index}}" wx:key="unique" bindtap="navbarTap">{{item}}</text>
  </view>
</view>
<scroll-view class="content" scroll-y="true" scroll-top="{{scrollTop}}"
bindscrolltolower="thebottom" style="position:absolute; top:0; left:0; right:0; bottom:0;">
<view class="content_box">
  <!-- 推荐数据列表 -->
  <view class="recommend {{currentTab == 0 ? 'show' : 'hide'}}">
    <view class="content_item" bindtap="goopen" wx:for="{{tarray}}"
    wx:for-item="recommend" wx:key="{{recommend._id}}" id="{{recommend._id}}">
      <view class="citem_left">
        <image src="/images/tou1.png"></image>
      </view>
      <block wx:if="{{recommend.text}}">
        <view class="citem_mid">
          <text>{{recommend.text}}</text>
          <text>点爆方式:</text><text>{{recommend.wway}}</text>
        </view>
        <view class="citem_right">
          <image src="/images/re.png"></image>
          <text>{{recommend.temperature}}</text>
        </view>
      </block>
      <block wx:if="{{recommend.filename}}">
        <view class="citem_mid">
          <image src="/images/yuyin.png"></image>
```

```
            <text>点爆方式：</text><text>{{recommend.yway}}</text>
          </view>
          <view class="citem_right">
            <image src="/images/re.png"></image>
            <text>{{recommend.temperature}}</text>
          </view>
        </block>
      </view>
    </view>
    <!-- 文爆 -->
    <view class="textbao {{currentTab == 1 ? 'show' : 'hide'}}">
      <view class="content_item" bindtap="goopen" wx:for="{{tarray}}"
        wx:for-item="textbao" wx:key="{{textbao._id}}" id="{{textbao.detailId}}"
        wx:if="{{textbao.text}}">
        <view class="citem_left">
          <image src="/images/tou1.png"></image>
        </view>
        <view class="citem_mid">
          <text>{{textbao.text}}</text>
          <text>点爆方式：</text><text>{{textbao.wway}}</text>
        </view>
        <view class="citem_right">
          <image src="/images/re.png"></image>
          <text>{{textbao.temperature}}</text>
        </view>
      </view>
    </view>
    <!-- 音爆 -->
    <view class="voicebao {{currentTab == 2 ? 'show' : 'hide'}}">
      <view class="content_item" bindtap="goopen" wx:for="{{tarray}}" wx:for-item=
"voicebao" wx:key="{{voicebao._id}}" id="{{voicebao.detailId}}" wx:if="{{voicebao.
filename}}">
        <view class="citem_left">
          <image src="/images/tou1.png"></image>
        </view>
        <view class="citem_mid">
          <image src="/images/yuyin.png"></image>
          <text>点爆方式：</text><text>{{voicebao.yway}}</text>
        </view>
        <view class="citem_right">
          <image src="/images/re.png"></image>
          <text>{{voicebao.temperature}}</text>
        </view>
      </view>
    </view>
    <!-- 爆榜 -->
    <view class="rankings {{currentTab == 3 ? 'show' : 'hide'}}">
      view class="content_item" bindtap="goopen" wx:for="{{barray}}"
        wx:for-item="rankings" wx:key="{{rankings._id}}" id="{{rankings._id}}">
        <view class="number">
          {{index+1}}
        </view>
        <view class="citem_left">
```

```
          <image src = "/images/tou1.png"></image>
        </view>
        <block wx:if = "{{rankings.text}}">
          <view class = "citem_mid">
            <text>{{rankings.text}}</text>
            <text>点爆方式:</text><text>{{rankings.wway}}</text>
          </view>
          <view class = "citem_right">
            <image src = "/images/re.png"></image>
            <text>{{rankings.temperature}}</text>
          </view>
        </block>
        <block wx:if = "{{rankings.filename}}">
          <view class = "citem_mid">
            <image src = "/images/yuyin.png"></image>
            <text>点爆方式:</text><text>{{rankings.yway}}</text>
          </view>
          <view class = "citem_right">
            <image src = "/images/re.png"></image>
            <text>{{rankings.temperature}}</text>
          </view>
        </block>
      </view>
    </view>
  </view>
</scroll-view>
```

index.js 完整代码如下。

```
//index.js
//获取应用实例
const app = getApp()
Page({
  data: {
    navber: ['推荐', '文爆', '音爆', '爆榜'],
    currentTab: 0,
    tarray: [],
    barray: [],
    lnum1: 20,                        //记录当前已有数据数量
    stext: '',
    scrollTop: 0,
  },
  //上导航切换
  navbarTap: function (e) {
    this.setData({
      scrollTop: 0
    })
    this.setData({
      currentTab: e.currentTarget.dataset.index
    })
  },
  search: function (e) {
```

```
        wx.navigateTo({
          url: '../search/search'
        })
      },
      onLoad: function () {
        wx.showLoading({
          title: '加载中',
          mask: true
        })
        const db = wx.cloud.database()
        // 推荐数据
        db.collection('bao').orderBy('time', 'desc').limit(20)
          .get({
            success: res => {
              this.setData({
                tarray: res.data
              })
            }
          });
        // 排行数据
        db.collection('bao').orderBy('temperature', 'desc').limit(20)
          .get({
            success: res => {
              this.setData({
                barray: res.data
              })
            }
          });
        //模拟加载
        setTimeout(function () {
          wx.hideLoading()
        }, 1500);
      },
      goopen: function (e) {
        //获取当前内容的标识 id,保存,方便进入查询
        var id = e.currentTarget.id
        wx.setStorageSync('id', id)
        wx.navigateTo({
          url: '../detail/detail',
        });
      },
      //下拉刷新
      onPullDownRefresh: function () {
        wx.showNavigationBarLoading()            //在标题栏中显示加载
        wx.showLoading({
          title: '加载中',
          mask: true
        })
        const db = wx.cloud.database()
        // 推荐数据
        db.collection('bao').orderBy('time', 'desc').limit(20)
```

```
      .get({
        success: res => {
          this.setData({
            tarray: res.data
          })
        }
      });
    // 排行数据
    db.collection('bao').orderBy('temperature', 'desc').limit(20)
      .get({
        success: res => {
          this.setData({
            barray: res.data
          })
        }
      });
      //模拟加载
      setTimeout(function () {
        // complete
        wx.hideNavigationBarLoading()        //完成停止加载
        wx.stopPullDownRefresh()             //停止下拉刷新
        wx.hideLoading()
      }, 1500);
    },
    //上拉加载
    thebottom: function () {
      var lnum1 = this.data.lnum1
      const db = wx.cloud.database()
      if (this.data.currentTab == 0) {
        // 显示加载图标
        wx.showLoading({
          title: '玩命加载中',
        })
        // 推荐数据
        db.collection('bao').orderBy('wtime', 'desc').skip(lnum1).limit(10)
          .get({
            success: res => {
              this.setData({
                tarray: this.data.tarray.concat(res.data),
                lnum1: lnum1 + 10
              })
              // 隐藏加载框
              wx.hideLoading()
            }
          });
      }
    })
```

实现效果如图7.33所示。

(a) index页面中数据加载功能实现(1)

(b) index页面中数据加载功能实现(2)

(c) index页面中数据加载功能实现(3)

(d) index页面中数据加载功能实现(4)

图 7.33 实现效果

7.3.3 搜索框搜索页面的实现

在 app.json 中加入 search 页面路径,编写搜索页面样式,search.wxml 的文件代码如下。

```
<view class = "header">
  <label>
    <input type = "text" bindconfirm = "search" bindinput = "content"
      confirm - type = "search" focus = "true"/>
    <icon type = "search" size = "25" bindtap = "search"/>
  </label>
</view>
<view class = "content">
  <text class = "nohave {{bol ? 'show' : 'hide'}}">你搜的什么呀,我没有.</text>
  <view class = "searchArray">
    <view class = "content_item" bindtap = "goopen" wx:for = "{{tarray}}"
      wx:for - item = "searchArray" wx:key = "{{searchArray._id}}"
        id = "{{searchArray._id}}">
      <view class = "citem_left">
        <image src = "/images/tou1.png"></image>
      </view>
      <block wx:if = "{{searchArray.text}}">
        <view class = "citem_mid">
          <text>{{searchArray.text}}</text>
          <text>点爆方式:</text><text>{{searchArray.wway}}</text>
        </view>
        <view class = "citem_right">
          <image src = "/images/re.png"></image>
          <text>{{searchArray.temperature}}</text>
        </view>
      </block>
      <block wx:if = "{{searchArray.filename}}">
        <view class = "citem_mid">
          <image src = "/images/yuyin.png"></image>
          <text>点爆方式:</text><text>{{searchArray.yway}}</text>
        </view>
        <view class = "citem_right">
          <image src = "/images/re.png"></image>
          <text>{{searchArray.temperature}}</text>
        </view>
      </block>
    </view>
  </view>
</view>
```

这里介绍一种正则表达式查询的方法。数据库支持正则表达式查询,开发者可以在查询语句中使用 JavaScript 原生正则对象或使用 db.RegExp 方法来构造正则对象,然后进行字符串匹配。在查询条件中对一个字段进行正则匹配即要求该字段的值可以被给定的正则表达式匹配,注意正则表达式不可用于 db.command 内(如 db.command.in)。

使用db.RegExp方法构造正则对象然后进行字符串匹配,通过在对bao集合中text内容进行查询时,给text赋值一个db.RegExp正则对象,这样就实现了对text的模糊查询。

```
db.collection('bao').where({
//使用正则查询,实现对搜索的模糊查询
text: db.RegExp({
//从搜索栏中获取的value作为规则进行匹配
regexp: value,
//i大小写不区分,m跨行匹配
options: 'im',
})
}).get()
```

以下是搜索功能search.js的代码。

```
Page({
  data: {
    tarray: [],
    stext: '',
    bol: false,
  },
  search: function () {
    wx.showLoading({
      title: '玩命加载中',
    })
    this.setData({
      tarray: []
    })
    //连接数据库
    const db = wx.cloud.database()
    var that = this
    var value = this.data.stext
    db.collection('bao').where({
      //使用正则查询,实现对搜索的模糊查询
      text: db.RegExp({
        regexp: value,
        //从搜索栏中获取的value作为规则进行匹配
        options: 'im',
        //大小写不区分
      })
    }).get({
      success: res => {
        console.log(res)
        if (res.data.length == 0) {
          that.setData({
            bol: true
          })
```

```
      } else {
        that.setData({
          tarray: res.data
        })
      }
      wx.hideLoading()
    })
  },
  content: function (e) {
    this.setData({
      stext: e.detail.value
    })
  },
  goopen: function (e) {
    //获取当前内容的标识 id,保存,方便进入查询
    var id = e.currentTarget.id
    wx.setStorageSync('id', id)
    wx.navigateTo({
      url: '../detail/detail',
    });
  },
})
```

搜索功能的实现效果如图 7.34 所示。

图 7.34　搜索功能实现效果

7.3.4　爆文详情及转发功能实现

从首页中数据列表打开相应详情页面的方法：给数据列表中每个数据项加一个单击事件，同时将当前数据项的 id 暂时记录在本地，然后跳转到详情页面 detail。

```
goopen: function (e) {
  //获取当前内容的标识 id,保存,方便进入查询
  var id = e.currentTarget.id
  wx.setStorageSync('id', id)
  wx.navigateTo({
    url: '../detail/detail',
  });
},
```

在 detail 页面中的 onLoad 函数中对当前本地记录的爆文 id 进行查询，获取爆文详情数据。

```
//取出标识 id,查询
var id = wx.getStorageSync('id')
// 查询数据,初始化数据和判断值 wy
db.collection('bao').where({
  _id: id
}).get()
```

转发功能需要使用 onShareAppMessage 函数，title 为转发标题，path 为当前页面地址，path 中页面路径后添加爆文的 id 为页面携带的参数，使得转发唯一。

```
//分享
onShareAppMessage: function () {
  var detailId = this.data.detail._id
  var id = wx.getStorageSync('id')
  return {
    title: '我要点爆',
    path: '/pages/detail/detail?id=' + id + "1",
  }
}
```

需要在 app.json 中增加详情页 detail 路径，编译创建详情页 detail.wxml。

```
<!-- pages/detail/detail.wxml -->
<block wx:if = "{{detail.text}}">
 <view class = "the_top">
  <view class = "top_left">
   <text space = "ensp">性 别：</text>
   <text>情绪颜色：</text>
   <text>点爆类型：</text>
   <text>点爆方式：</text>
   <text>点爆时间：</text>
  </view>
  <view class = "top_right">
   <text>{{detail.gender}}</text>
   <text>{{detail.wmood}}</text>
   <text>文爆</text>
   <text>{{detail.wway}}</text>
   <text>{{detail.time}}</text>
  </view>
 </view>
 <view class = "the_mid">
  <scroll-view scroll-y = "true" scroll-x = "false" scroll-with-animation = "true">
     <view>
      <text>{{detail.text}}</text>
     </view>
     <block wx:if = "{{detail.baofilename}}">
      <view class = "yuimage">
       <image src = "/images/yuyin4.png" bindtap = "playtwo"></image>
      </view>
     </block>
  </scroll-view>
 </view>
 <view class = "the_button">
   <button bindtap = "boost">{{boostText}}</button>
 </view>
 <view class = "the_bottom">
    <view class = "bottom_one">
       <image src = "/images/re.png"></image>
```

```
            <text>{{temperature}}</text>
          </view>
          <view class = "bottom_two" bindtap = "collect">
            <image src = "{{collectimage}}"></image>
            <text>{{collectText}}</text>
          </view>
        </view>
      </block>
      <block wx:if = "{{detail.filename}}">
        <view class = "the_top">
          <view class = "top_left">
            <text space = "ensp">性 别：</text>
            <text>情绪颜色：</text>
            <text>点爆类型：</text>
            <text>点爆方式：</text>
            <text>点爆时间：</text>
          </view>
          <view class = "top_right">
            <text>{{detail.gender}}</text>
            <text>{{detail.ymood}}</text>
            <text>音爆</text>
            <text>{{detail.yway}}</text>
            <text>{{detail.time}}</text>
          </view>
        </view>
        <view class = "the_mid">
          <view class = "yuyin">
            <image src = "/images/yuyin3.png" class = "image1 {{im1?'bb':''}}"
                bindtap = "playone"></image>
            <block wx:if = "{{detail.baofilename}}">
              <image src = "/images/yuyin4.png" class = "image2 {{im2?'bb':''}}"
                bindtap = "playtwo"></image>
            </block>
          </view>
        </view>
        <view class = "the_button">
          <button bindtap = "boost">{{boostText}}</button>
        </view>
        <view class = "the_bottom">
          <view class = "bottom_one">
            <image src = "/images/re.png"></image>
            <text>{{temperature}}</text>
          </view>
          <view class = "bottom_two" bindtap = "collect">
            <image src = "{{collectimage}}"></image>
            <text>{{collectText}}</text>
          </view>
        </view>
      </block>
```

爆文详情的 detail.js 实现完整代码如下。

```
const db = wx.cloud.database();
var _innerAudioContext;
Page({
  data: {
    detail: {},                              //存储数据
    userInfo: {},
    temperature: 0,                          //热度
    boost: true,                             //判断是助爆还是取消助爆
    boostText: '助爆',                        //控制助爆按钮
    wy: 1,                                   //判断是文爆还是音爆,为相应数据库更新
    collectimage: '/images/shoucang.png',    //收藏图标
    collectText: '收藏',                      //判断收藏文字变化
    fileIDd: '',                             //爆炸之音
    fileIDy: '',                             //语音
    theplay: true,                           //判断是否在播放声音
    im1: false,                              //控制显示语音播放样式
    im2: false,
    boostNumber: 0,
  },
  //助爆
  boost: function () {
    //向助爆表中增加,传入这两个值方便保存和查找删除
    var detailId = this.data.detail._id
    var openId = wx.getStorageSync('openId')
    if (this.data.boost) {
      //调用云函数,修改热度数量,向云函数传值,对 bao 数据库更新
      wx.cloud.callFunction({
        name: 'updateBoost',
        data: {
          id: this.data.detail._id,
          temperature: this.data.temperature,
          boost: this.data.boost,
          detailId: detailId,
          openId: openId
        },
        success: res => {
          var detailId = this.data.detail._id
          db.collection('boost').add({
            data: {
              detailId: detailId
            },
            success: function () {
              console.log('增加成功')
            },
            fail: function (e) {
              console.error(e)
            }
          })
          this.setData({
            boost: false,
            boostText: '已助爆',
```

```
          temperature: this.data.temperature + 10
        })
        wx.showToast({
          title: '助爆成功',
        })
      }
    })
  } else {
    //调用云函数,修改热度数量,向云函数传值
    wx.cloud.callFunction({
      name: 'updateBoost',
      data: {
        id: this.data.detail._id,
        temperature: this.data.temperature,
        boost: this.data.boost,
        detailId: detailId,
        openId: openId
      },
      success: res => {
        this.setData({
          boost: true,
          boostText: '助爆',
          temperature: this.data.temperature - 10
        })
        wx.showToast({
          title: '已取消助爆',
        })
      }
    })
  }
},
//收藏按钮
collect: function () {
  //在异步 success 中不能用 this,要用 var that
  var that = this
  var detailId = this.data.detail._id
  //变换收藏
  if (this.data.collectText == '收藏') {
    var img = '/images/usercang.png'
    var detailId = this.data.detail._id
    db.collection('collect').add({
      data: {
        detailId: detailId
      },
      success: function () {
        that.setData({
          collectimage: img,
          collectText: '已收藏'
        })
        console.log('收藏成功')
      },
```

```javascript
        fail: function (e) {
          console.log(e)
        }
      })
    } else {
      var img = '/images/shoucang.png'
      wx.cloud.callFunction({
        name: 'removeCollect',
        data: {
          id: this.data.detail._id,
          openId: wx.getStorageSync('openId')
        },
        success: res => {
          that.setData({
            collectimage: img,
            collectText: '收藏'
          })
          console.log('取消收藏')
        }
      })
    }
  },
  //第一个语音按钮播放
  playone: function () {
    if (this.data.theplay) {
      this.setData({
        theplay: false,
        im1: true,
      })
      const innerAudioContext = wx.createInnerAudioContext()
      _innerAudioContext = innerAudioContext
      innerAudioContext.autoplay = true
      innerAudioContext.src = this.data.detail.fileIDy
      innerAudioContext.onPlay(() => {
        console.log('开始播放')
      }),
      innerAudioContext.onEnded(() => {
        this.setData({
          theplay: true,
          im1: false,
        })
      })
      innerAudioContext.onError((res) => {
        console.log(res.errMsg)
      })
    }
  },
  //第二个语音按钮播放
  playtwo: function () {
    if (this.data.theplay) {
      this.setData({
```

```
        theplay: false,
        im2: true,
      })
      const innerAudioContext = wx.createInnerAudioContext()
      _innerAudioContext = innerAudioContext
      innerAudioContext.autoplay = true
      innerAudioContext.src = this.data.detail.fileIDd
      innerAudioContext.onPlay(() => {
        console.log('开始播放')
      }),
      innerAudioContext.onEnded(() => {
        this.setData({
          theplay: true,
          im2: false,
        })
      })
      innerAudioContext.onError((res) => {
        console.log(res.errMsg)
        console.log(res.errCode)
      })
    }
  },
  //如果页面被卸载时被执行,关掉所有正在播放的语音
  onUnload: function () {
    if (_innerAudioContext){
      _innerAudioContext.stop();
    }
  },
  //查询出点爆数据,并初始化各个需要用的参数
  onLoad: function () {
    wx.showLoading({
      title: '加载中',
      mask: true
    })
    var that = this
    //取出标识 id,查询
    var id = wx.getStorageSync('id')
    // 查询数据,初始化数据和判断值 wy
    db.collection('bao').where({
      _id: id
    }).get({
      success: res => {
        var wy = 1
        if (res.data[0].text) {
          wy = 1
        } else {
          wy = 2
        }
        that.setData({
          detail: res.data[0],
          temperature: res.data[0].temperature,
```

```
        wy: wy
      })
      //查询当前文章是不是当前用户已经收藏的,如果是变换收藏图标
      db.collection('collect').where({
        _openid: wx.getStorageSync('openId'),
        detailId: this.data.detail._id
      }).get({
        success(res) {
          //如果返回值存在且有数据
          if (res.data && res.data.length > 0) {
            var img = '/images/usercang.png'
            that.setData({
              collectimage: img,
              collectText: '已收藏'
            })
          }
        }
      })
      //查询当前文章是不是当前用户已经助爆
      db.collection('boost').where({
        _openid: wx.getStorageSync('openId'),
        detailId: this.data.detail._id
      }).get({
        success(res) {
          //结束加载按钮
          wx.hideLoading()
          //如果返回值存在且有数据
          if (res.data && res.data.length > 0) {
            that.setData({
              boost: false,
              boostText: '已助爆'
            })
          }
        }
      })
    });
  },
  //分享
  onShareAppMessage: function () {
    var detailId = this.data.detail._id
    var id = wx.getStorageSync('id')
    return {
      title: '我要点爆',
      desc: '帮我点爆',
      path: '/pages/detail/detail?id=' + id + "1",
    }
  }
})
```

7.3.5 助爆功能实现

首先新建助爆记录集合 boost 和收藏记录集合 collect,其结构如表 7.3 所示。

表 7.3 boost 和 collect 集合结构

字 段 名	数 据 类 型	主 键	非 空	描 述
_id	string	是	是	ID
_openid	string		是	用户唯一标识
detailId	string			助爆爆文 ID
temperature	number			热度值
text	string			爆文文本
wway	string			点爆方式

至此,该项目创建的集合有 bao、boost、collect、seal、users 共 5 个。

新建助爆时修改热度值的云函数 updateBoost,用于修改爆文热度和删除爆文。

```
//云函数入口文件
const cloud = require('wx-server-sdk')
cloud.init()
//声明数据库
const db = cloud.database()
//云函数入口函数
exports.main = async (event, context) => {
  //取得传过来的参数
  var temperature = event.temperature,
    id = event.id,
    boost = event.boost,
    detailId = event.detailId,
    openId = openId;
  if (boost) {
    temperature = temperature + 10
  } else {
    temperature = temperature - 10
    try {
      db.collection('boost').where({
        openId: openId,
        detailId: detailId,
      }).remove()
    } catch (e) {
      console.error(e)
    }
  }
  try {
    return await db.collection('bao').where({
      _id: id
    }).update({
      data: {
        temperature: temperature
```

```
        },
        success: res => {
          console.log('云函数成功')
        },
        fail: e => {
          console.error(e)
        }
      })
    } catch (e) {
      console.error(e)
    }
  }
```

取消收藏的云函数 removeCollect,用于删除收藏集合中的数据。

```
//云函数入口文件
const cloud = require('wx-server-sdk')
cloud.init()
//声明数据库
const db = cloud.database()
//云函数入口函数
exports.main = async (event, context) => {
  //取得传过来的参数
  var openId = event.openId,
    id = event.id;
  try {
    return await db.collection('collect').where({
      _openid: openId,
      detailId: id
    }).remove()
  } catch (e) {
    console.error(e)
  }
}
```

助爆功能的实现效果如图 7.35 所示。

练习:"我的"页面的签到、收藏、助爆、封存和点爆记录请读者自己实现。

图 7.35 助爆功能实现效果页面

思 考 题

对自己开发的小程序应用服务项目进行整理、完善,提交审核并发布,享受自己开发小程序的乐趣,并可在 Github 上进行分享。

参 考 文 献

[1] 吕云翔,等. 小程序,大未来:微信小程序开发[M]. 北京:电子工业出版社,2018.
[2] 微信小程序开发文档. https://www.w3cschool.cn/weixinapp/.
[3] 小程序开发文档. https://mp.weixin.qq.com/debug/wxadoc/dev/index.html.
[4] 开发者社区. https://developers.weixin.qq.com.

图书资源支持

感谢您一直以来对清华版图书的支持和爱护。为了配合本书的使用,本书提供配套的资源,有需求的读者请扫描下方的"书圈"微信公众号二维码,在图书专区下载,也可以拨打电话或发送电子邮件咨询。

如果您在使用本书的过程中遇到了什么问题,或者有相关图书出版计划,也请您发邮件告诉我们,以便我们更好地为您服务。

我们的联系方式:

地　　址:北京市海淀区双清路学研大厦 A 座 701

邮　　编:100084

电　　话:010-83470236　010-83470237

资源下载:http://www.tup.com.cn

客服邮箱:2301891038@qq.com

QQ:2301891038(请写明您的单位和姓名)

资源下载、样书申请

书 圈

扫一扫,获取最新目录

课程直播

用微信扫一扫右边的二维码,即可关注清华大学出版社公众号"书圈"。